중학수학 **16시간** 만에 끝내기

실전편 1

중학수학 16시간 만에 끝내기

실전편 1

마지 슈조 지음
김성미 옮김

북스토리

머리말

여러분, 수학 시간을 떠올려 보세요. 아마도 수학을 이해하기 쉽게 가르치는 선생님과, 이해하기 어렵게 가르치는 선생님이 있었을 것입니다. 게다가 그 차이는 다른 과목과는 비교도 안 됐습니다. 쉽게 가르치는 선생님을 만나면 수학에 흥미를 가지게 되지만, 어렵게 가르치는 선생님을 만나면 바로 수학을 포기하기도 하니까요.

『중학수학 16시간 만에 끝내기 실전편』은 학교에서 수학을 쉽게 가르치는 선생님들이 공통적으로 가르치는 교수법과 기초가 부족해 수학을 어려워하는 학생들을 가르칠 때 쓰는 교육법을 제 나름대로 정리한 책입니다. 개념 정리를 실전문제와 바로 연결해서 수학 문제를 푸는 데 필요한 문제해결능력을 자연스럽게 익히도록 했습니다.

이 책이 다른 수학책과 차별되는 점은 다음과 같습니다.

첫 번째, 물 흐르듯 자연스럽게 이어지는 학습 진도

많은 교과서와 참고서를 보면 양수와 음수 → 문자식 → 1차방정식 → 함수 → 도형 → 연립방정식 → 함수 → 도형 → 확률…… 등의 순서로 되어 있습니다. 하지만 이 순서대로 공부를 하다 보면 양수와 음수 → 문자식 → 1차방정식……을 배워서 계산과 방정식을 푸는 요령을 잡으려고 할 때, 갑자기 함수와 도형으로 들어가게 됩니다. 함수와 도형을 배우다가 그만 앞에서 배운 것들을 잊어버리고 말지요.

하지만 이 책은 양수와 음수 → 문자식 → 1차방정식 → 연립방정식……으로 관련된 부분을 차례대로 공부하기 때문에 군더더기 없이 쉽고 효율적으로 공부할 수 있습니다.

두 번째, 필요한 것만 콕콕 짚는 명확한 요점 정리

이 책은 확실하게 외워야 할 부분을 '일단 외워!', 응용문제를 풀 때 필요한 부분을 '쉽게 생각해!'로 보기 쉽게 정리했습니다.

수학을 잘 가르치는 선생님들이 공통적으로 꼽는 요점만을 뽑아 놓았기에, 바로 문제를 풀 수 있습니다.

세 번째, 부담 없이 풀면서 익힐 수 있는 실전문제들

학습의 핵심내용과 실제 문제풀이 과정에서 끊임없이 거론되는 개념과 문제유형을 아주 쉬운 것부터 하나하나 풀어가면서 저절로 익힐 수 있게 만들었습니다. 이 책은 따라 하기만 하면 중학수학 3년 과정 문제들이 자연스럽게 풀리게 함으로써, 학생들로 하여금 주요 문제유형을 손에 익게 하고 수학에 대한 자신감 또한 키울 수 있게 해 줍니다.

이 책을 실제로 풀어 본 여러분들이 수학을 어렵거나 피하고 싶은 과목이 아니라, 쉽고 재미있는 과목으로 느낄 수 있기를 바랍니다.

contents

2권 학습 진도

이제 시작해 볼까요?

chapter 01

양수와 음수

양수는 수 앞에 +가 들어간 수를 말하고, 음수는 수 앞에 −가 들어간 수를 말해. 양수와 음수의 곱셈과 나눗셈에서 가장 조심해야 할 부분은 정답의 부호야.

양수와 음수의 덧셈은 끼리끼리 모아서

01

플러스, 마이너스란 말은 많이 들어 보았지? 보통 플러스는 더하기, 마이너스는 빼기란 뜻으로 많이 쓸 거야. 플러스는 ＋, 마이너스는 －.
양수는 수 앞에 ＋가 들어간 수를 말하고, 음수는 수 앞에 －가 들어간 수를 말해. 이제 이 양수와 음수를 더하는 방법부터 배워 보자.

온라인 RPG 게임을 한다고 생각해 보렴

온라인 RPG 게임 좋아하니? 뭐, 싫어한다고? 싫어해도 별수 없어. 내가 좋아하거든. 어쨌거나 네가 온라인 RPG 게임을 하고 있다고 생각해 보자.
게임에서 너는 전사인데, 룰루랄라 가다가 그만 몬스터를 만난 거야!
몬스터와 전투를 해야겠지? 그런데 잽싼 몬스터가 얄밉게 선빵을 두 대 날렸어.
네 에너지가 2만큼 줄었어. 그래서 넌 회복약을 두 개 써서 다시 에너지 2를 채웠어.
이렇게 몬스터가 때려서 잃은 네 에너지를 －2라고 적고, 회복약을 써서 채운 네 에너지를 +2라고 하자. 이 게임의 규칙에 따르면 다음과 같이 나타낼 수 있지.

예 회복약을 2개 먹고, 또 3개를 먹은 경우

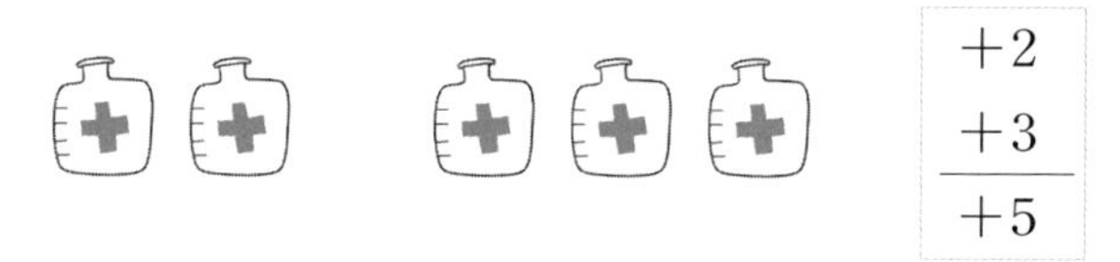

네 에너지는 5가 되었겠지?

$+2+3=+5$ … 이건 너무 쉬운가?

예 몬스터에게 2대를 맞고, 또 3대를 맞은 경우

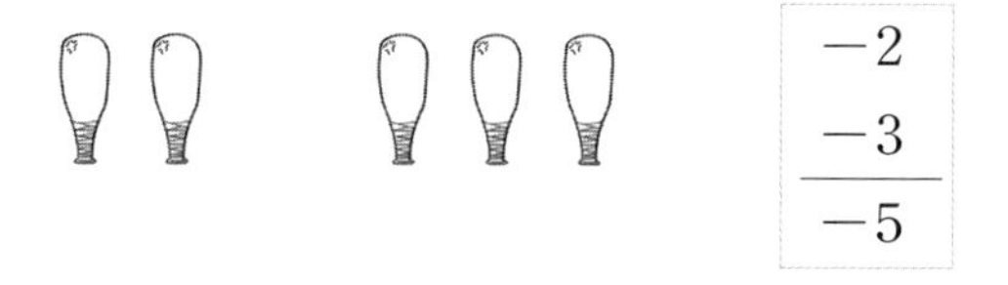

네 에너지는 5가 줄었을 거야.

즉, $-2-3=-5$인 셈이지.

이것을 절대 뺄셈으로 생각하면 안 돼!

몬스터에게 2대를 맞아 잃은 '−2'와 3대를 맞아 잃은 '−3'이 있어서 계산 결과가 '−5'가 되는 거지.

예 몬스터에게 2대를 맞고 회복약 4개를 먹은 경우

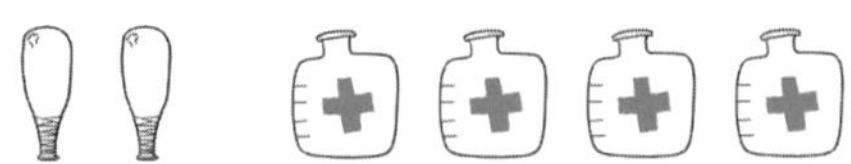

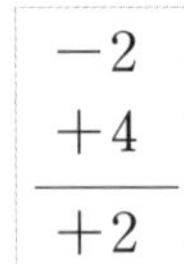

맞은 대수랑 먹은 회복약 개수를 더하면

$-2+4=+2$가 되겠지.

$-2+4=+2$ … 이것도 어렵다고 하진 않겠지?

그리고　　그러니까

빈칸에 알맞은 수를 써넣으세요.

1. $-2-4=($　　　　$)$

2. $-3+3=($　　　　$)$

3. $+2-6=($　　　　$)$

4. $-3+5=($　　　　$)$

정답 1 −6　2 0　3 −4　4 +2

예 몬스터에게 2대를 맞고 회복약 3개를 먹은 후, 다시 1대를 맞고 회복약 4개를 먹은 경우

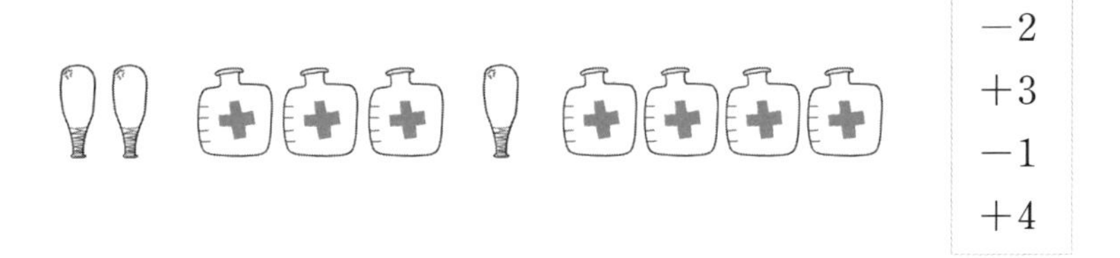

몬스터에게 맞은 대수랑 먹은 회복약의 개수를 모아서 계산하면 돼.

어느 쪽이 더 많은지 계산하면

위의 그림을 계산식으로 쓰면 다음과 같아.
음수는 음수끼리, 양수는 양수끼리 모아서 계산해.

$$-2 \quad +3 \quad -1 \quad +4$$

$$= -2 \quad -1 \quad +3 \quad +4$$ ⋯⋯ 양수와 음수는 끼리끼리

$$= -3 \quad +7$$

$$= +4$$

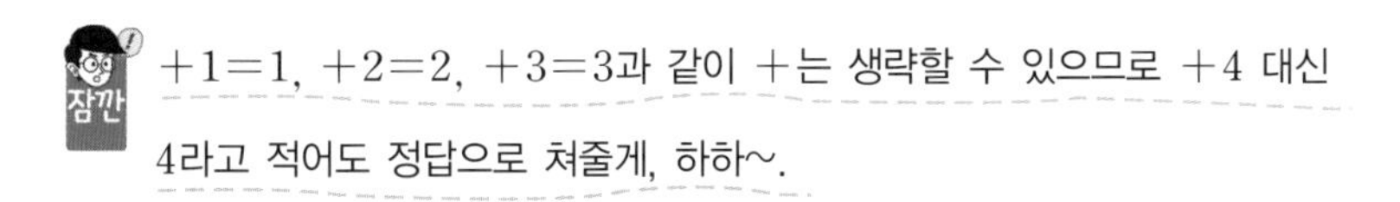

+1=1, +2=2, +3=3과 같이 +는 생략할 수 있으므로 +4 대신 4라고 적어도 정답으로 쳐줄게, 하하~.

빈칸에 알맞은 수를 써넣으세요.

① $+8-5+2-7=+(\quad)-(\quad)=(\quad)$

② $-4+6-3+13-5=+(\quad)-(\quad)=(\quad)$

③ $-1.3+3.2-3.3+5.2=+(\quad)-(\quad)$

$=(\quad)$

④ $2\frac{1}{2}-3+5-5=+(\quad)-(\quad)=(\quad)$

⑤ $-1.6+5.7-2.5+5.6-1.2=+(\quad)-(\quad)$

$=(\quad)$

⑥ $5\frac{1}{2}-2\frac{1}{4}+1\frac{2}{3}-1\frac{1}{3}$

$=5\frac{1}{2}+1\frac{2}{3}-2\frac{1}{4}-1\frac{1}{3}$

$=5\frac{(\quad)}{12}+1\frac{(\quad)}{12}-2\frac{(\quad)}{12}-1\frac{(\quad)}{12}$

$=(\quad)-(\quad)$

$=(\quad)$

① $+8-5+2-7=+8+2-5-7$

$=+(10)-(12)=(-2)$

② $-4+6-3+13-5=+6+13-4-3-5$

$=+(19)-(12)=(+7)$

③ $-1.3+3.2-3.3+5.2=+3.2+5.2-1.3-3.3$

$=+(8.4)-(4.6)=(+3.8)$

④ $2\frac{1}{2}-3+5-5=2\frac{1}{2}+5-3-5$

$=+(7\frac{1}{2})-(8)=(-\frac{1}{2})$

⑤ $-1.6+5.7-2.5+5.6-1.2=+5.7+5.6-1.6-2.5-1.2$

$=+(11.3)-(5.3)=(+6)$

⑥ $5\frac{1}{2}-2\frac{1}{4}+1\frac{2}{3}-1\frac{1}{3}=5\frac{1}{2}+1\frac{2}{3}-2\frac{1}{4}-1\frac{1}{3}$

$=5\frac{(6)}{12}+1\frac{(8)}{12}-2\frac{(3)}{12}-1\frac{(4)}{12}$

$=(6\frac{14}{12})-(3\frac{7}{12})$

$=(3\frac{7}{12})$

곱셈 · 나눗셈에서는 ―의 개수를 세어 봐

02

양수와 음수의 곱셈과 나눗셈에서 가장 조심해야 할 부분은 정답의 부호야. 열심히 계산 잘해 놓고 정답에서 부호가 틀리면 얼마나 억울해? 헷갈리지 않기 위해선 하나만 세면 돼. 바로 마이너스(―)의 개수지.

마이너스(―)의 개수가 홀수면 ―, 짝수면 +

-4×5　　　$30\div(-3)$　　　$-12\div2\times(-3)\cdots$

위의 식처럼 곱셈, 나눗셈의 계산, 또는 그 두 가지가 섞인 계산식에서 정답의 부호(+, ―)는 마이너스(―)의 개수를 세서,

개수가 1, 3, 5 …로 홀수인 경우, 정답 부호는 ―가 돼.

개수가 2, 4, 6 …으로 짝수인 경우, 정답 부호는 +가 돼.

이건 무작정 외워 두렴. 꼭 마이너스만 세어야 해.

예 -4×7을 계산하세요.

음수가 -4, 1개로 홀수니까 정답 부호는 ― 겠지.

$-4\times7=-28$이 되는 거야.

예 $-15 \div 3 \times (-2)$를 계산하세요.

음수가 -15와 -2, 2개로 짝수니까 정답 부호는 $+$야.

계산을 하면 $(-15) \div 3 \times (-2) = +10$이 될 거야.

예 $-20 \div 4 \times (-3) \times 2 \div (-10)$을 계산하세요.

음수가 -20과 -3 그리고 -10, 총 3개로 홀수니까 정답 부호는 $-$겠지.

계산을 해 보면 $-20 \div 4 \times (-3) \times 2 \div (-10) = -3$이야.

아무리 복잡한 계산이라도 마이너스 $(-)$의 개수만 정확히 세면 정답 부호를 맞출 수 있지.

빈칸에 알맞은 수를 써넣으세요.

1 $-4 \times (-5) \times 8 = (\qquad)$

2 $-14 \div (-2) \times (-7) = (\qquad)$

3 $3 \times (-2) \times (-5) \times (-10) \div (-15) = (\qquad)$

4 $-0.2 \times (-2.5) \times 1.2 = (\qquad)$

5 $-\frac{1}{3} \times \left(-\frac{6}{7}\right) \times \left(-\frac{1}{4}\right) = (\qquad)$

정답과 해설

① $-4\times(-5)\times8=(+160)$ 음수 2개

② $-14\div(-2)\times(-7)=(-49)$ 음수 3개

③ $3\times(-2)\times(-5)\times(-10)\div(-15)=(+20)$ 음수 4개

④ $-0.2\times(-2.5)\times1.2=(+0.6)$ 음수 2개

⑤ $-\frac{1}{3}\times(-\frac{6}{7})\times(-\frac{1}{4})=(-\frac{1}{14})$ 음수 3개

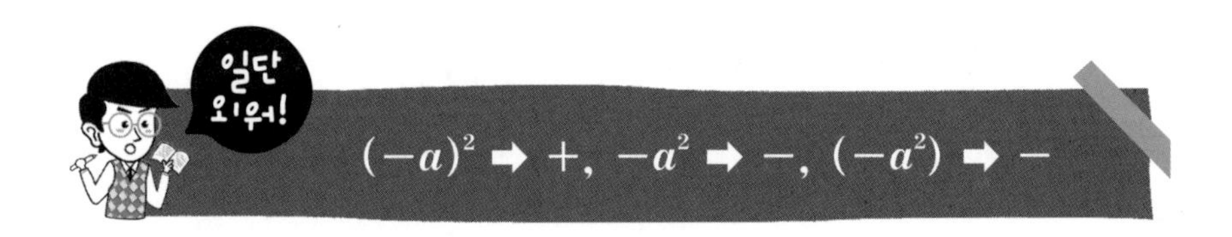

3^2, 3^3… 등의 읽는 법과 의미를 알아보자.

3^2은 3의 2승이라고 읽어. 3을 두 번 곱한다는 뜻이야.

$3^2=3\times3=9$겠지?

$(-3)^2$은 (-3)의 2승이라고 읽어. (-3)을 두 번 곱한다는 뜻이야.

$(-3)^2=(-3)\times(-3)=+9$겠지?

$-$의 개수가 짝수면 뭐라고? 그래, $+$가 되는 거야.

3^3은 3의 3승이라고 읽어. 3을 세 번 곱한다는 뜻이지.

$3^3=3\times3\times3=27$이야.

$(-3)^3$은 (-3)의 3승이라고 읽어. (-3)을 세 번 곱한다는 뜻이야.

$(-3)^3=(-3)\times(-3)\times(-3)=-27$이겠지?

왜 −가 되는지 설명할 필요도 없지?

−의 개수가 홀수면 뭐라고? 그래, −가 되는 거지.

$(-3)^3\neq27$

$(-3)\times(-3)\times(-3)$으로 -27이라는 것을 잊지 말기~!

다음을 계산해 보세요.

1 $(-2)^4=$

2 $(-5)^3=$

정답과 해설

1 $(-2)^4=(-2)\times(-2)\times(-2)\times(-2)$

$=+16$

2 $(-5)^3=(-5)\times(-5)\times(-5)$

$=-125$

지금까지 익힌 것으로 **일단 외워!**에서 '$(-a)^2$ ➡ $+$'를 얼핏 이해했을 거야.

다시 한 번 **일단 외워!**를 떠올려 볼까?

$$(-a)^2 \Rightarrow +,\ -a^2 \Rightarrow -,\ (-a^2) \Rightarrow -$$

쉽게 이해하도록 a 대신 구체적으로 숫자 3을 넣어 보자.
그럼 다음과 같이 나타낼 수 있겠지?
$(-3)^2$의 부호는 $+$, -3^2의 부호는 $-$, (-3^2)의 부호는 $-$일 거야.
이 세 가지는 비슷하기 때문에 대충 보면 엄청 헷갈릴 수 있어.
어떻게 조합되어 있는지 꼼꼼하게 파악해 두지 않으면 큰코다치니 이제부터 하나하나 살펴보도록 하자.

$(-3)^2$은 (-3)의 2승이고 (-3)을 두 번 곱한다는 뜻이므로,
$(-3)^2=(-3)\times(-3)=+9$였어.

-3^2은 -1×3^2이라는 뜻이야. $3^2=3\times3=9$이므로,
$-3^2=-1\times3^2=-1\times9=-9$가 되는 거지.

(-3^2)은 -3^2이 ( ) 안으로 들어간 것뿐이야. 따라서
$(-3^2)=(-9)=-9$가 되는 거지.
이제 확실히 알겠지?

$(-a^2)$은 $-a^2$이 ( ) 안으로 들어간 것뿐!
비슷하다고 헷갈리면 안 돼.

빈칸에 알맞은 부호를 써넣으세요.

① $-6^2=(\quad)36$

② $(-6)^2=(\quad)36$

③ $(-6^2)=(\quad)36$

정답 ① − ② + ③ −

양수와 음수의 복잡한 사칙연산

03

덧셈과 곱셈과 나눗셈을 배웠지? 그럼 이제 덧셈과 곱셈과 나눗셈이 섞여 있는 복잡한 사칙연산을 풀어 보자. 복잡하다고 살짝 겁을 줬지만 되게 쉽게 풀 수 있는 방법이 하나 있어. 부호가 헷갈리는 곱셈과 나눗셈을 한 덩어리로 생각하는 거야. 덩어리로 만들어서 정리한 다음엔 쉬운 덧셈과 뺄셈밖에 안 남으니 쉽게 문제를 풀 수 있지 않겠어?

곱셈(나눗셈) 부분을 부호를 포함한 덩어리로 생각해

다음과 같은 계산식을 보면 부호가 많아서 계산을 하려고 해도 머리가 복잡해질 거야.

$$4\times(-5)-(-6)\div(-3)-6\times(-2)\times(-5)$$

이럴 때 바로 곱셈(나눗셈) 부분을, 다음과 같이 부호를 포함한 덩어리로 파악하면 베리굿이지!

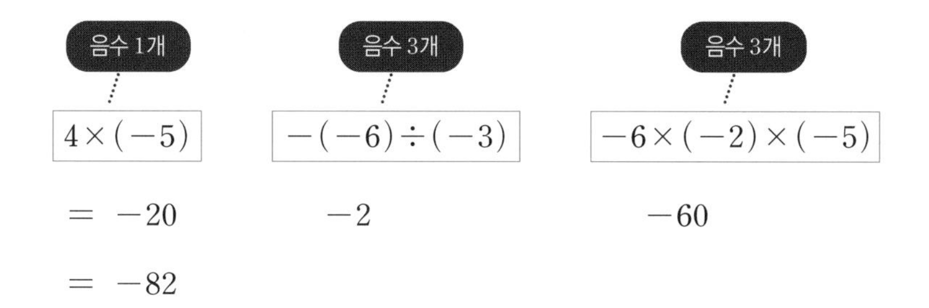

복잡한 문제가 나오더라도 자꾸 보면서 덩어리로 보는 방식에 익숙해지도록 해 봐.

예 $-5-4\times5$를 계산하세요.

$-5-4\times5$

$-5 \quad \boxed{-4\times5}$ ⋯⋯ 음수 1개

$= -5 \quad -20$

$= -25$

예 $5\times(-3)-(-5)\times(-3)$을 계산하세요.

$5\times(-3)-(-5)\times(-3)$

$\boxed{5\times(-3)} \quad \boxed{-(-5)\times(-3)}$

$= -15 \qquad -15$

$= -30$

다음을 풀어 보세요.

① $-6 \quad -4\times -5$

$=$

$=$

② $3\times(-7) \quad -8\div(-4)\times 5$

$=$

$=$

③ $-8\times\left(-\frac{1}{4}\right) \quad -9\times\left(-\frac{4}{3}\right)$

$=$

$=$

④ $(-5^2) \quad -(-5)^2$

$=$

$=$

⑤ $10\times\left(-\frac{3}{5}\right) \quad -6\times\left(-\frac{3}{2}\right) \quad -12\div(-3)\times(-4)$

$=$

$=$

$=$

1 $-6 \quad \underline{-4\times(-5)}$

$=-6 \quad +20$

$=+14$

2 $\underline{3\times(-7)} \quad \underline{-8\div(-4)\times5}$

$=-21 \quad +10$

$=-11$

3 $\underline{-8\times(-\frac{1}{4})} \quad \underline{-9\times(-\frac{4}{3})}$

$=+2 \quad +12$

$=+14$

4 $\underline{(-5^2)} \quad \underline{-(-5)^2}$

$=-25 \quad -25$ ……

$-(-5)^2=-1\times(-5)^2$
$=-1\times(-5)\times(-5)$

$=-50$

5 $\underline{10\times(-\frac{3}{5})} \quad \underline{-6\times(-\frac{3}{2})} \quad \underline{-12\div(-3)\times(-4)}$

$=-6 \quad +9 \quad -16$

$=-22 \quad +9$

$=-13$

문장제에선 반대 개념을 다른 기호로 놓기

04

+의 반대는 −. 너무 간단해서 시시하다고 생각했지? 하지만 식이 아닌 문장으로 문제가 나오면 나도 모르게 당황할 수 있어. 이렇게 문장으로 나온 문제를 문장제라고 하는데, 문장제는 일단 식으로 만들어야 해. 문장을 식으로 만들기 위해선 어떤 게 양수이고, 어떤 게 음수인지를 정해야겠지?

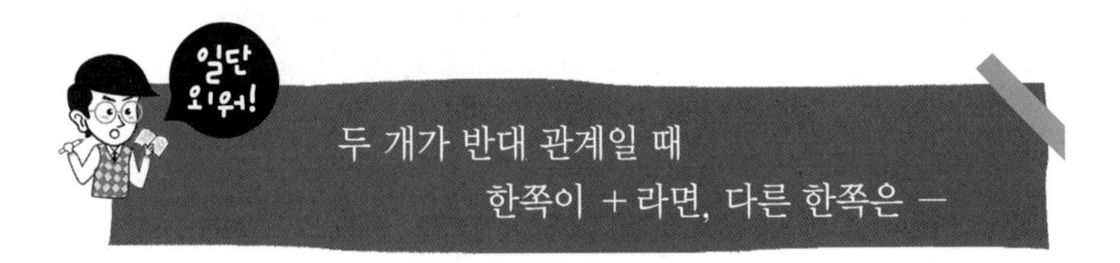

500원의 수입을 +500원으로 나타내면, 500원의 지출은 −500원.
4시간 후를 +4시간으로 나타내면, 4시간 전은 −4시간.
이와 같이 반대의 뜻을 가진 말을 +와 −를 대응시켜 나타낼 수 있지.

빈칸에 알맞은 답을 써넣으세요.

1 3만 원을 빌려 주는 것을 +3만 원으로 나타내면,
3만 원의 빚은 (　　)3만 원.

2 체중이 4kg 감소한 것을 −4kg으로 나타내면,
체중이 6kg (　　　　)한 것은 +6kg.

3 엘리베이터가 3.5m (　　　　) 것을 +3.5m로 나타내면,
엘리베이터가 4.5m 내려가는 것은 −4.5m.

정답 1 −　2 증가　3 올라가는

부자연스러운 마이너스는 반대로

평소에 말을 할 때는 −를 쓸 일이 별로 없어. 예를 들어 나하고 동생이 세 살 차이가 나는데 이를 말로 표현하면 나는 동생보다 세 살이 많고, 동생은 나보다 세 살이 적겠지. 그러니까 플러스와 마이너스의 의미는 '많다' '적다'에 들어 있는 셈이야. 하지만 문장제 중에는 −가 들어간, 평상시에는 잘 쓰이지 않는 부자연스러운 표현이 있는 경우가 있어. 이럴 경우엔 어떻게 풀까?

마이너스는 '~의 반대'라고 바꾼다

예 '−5cm 낮다'를 양수를 사용하여 나타내세요.

마이너스를 '~의 반대'로 바꿔서 읽으면 간단!

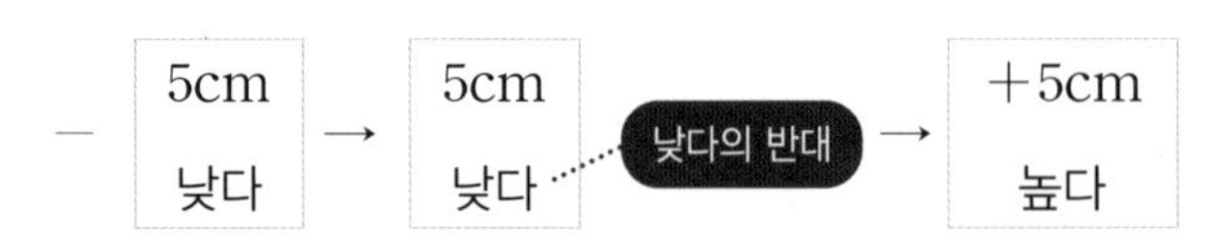

예 '−4m 남(南)'을 양수를 사용하여 나타내세요.

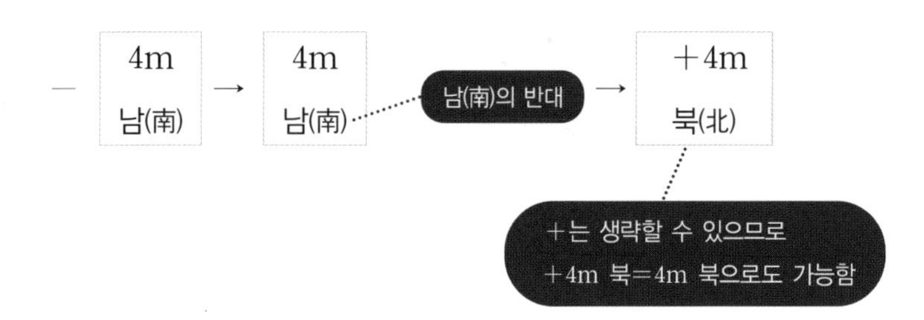

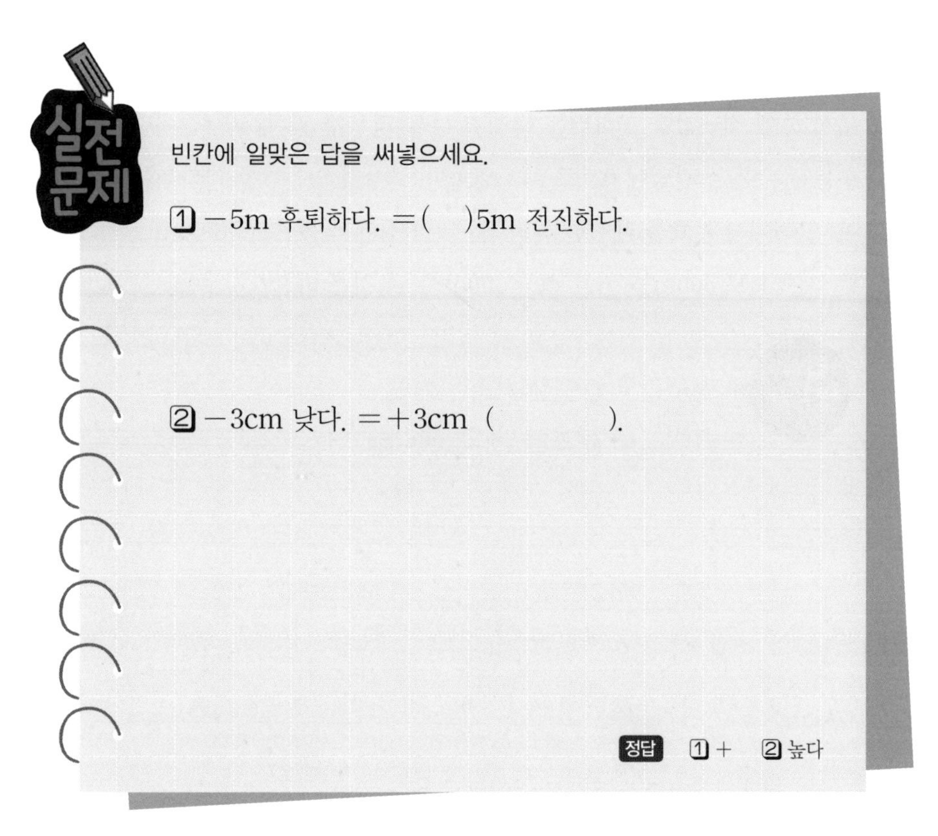

빈칸에 알맞은 답을 써넣으세요.

① −5m 후퇴하다. =(   )5m 전진하다.

② −3cm 낮다. =+3cm (   ).

정답 ① + ② 높다

절댓값을 구할 때는 일단 부호를 떼고 생각해

06

문제 중에 절댓값을 구하라는 문제가 나올 경우가 있어. 절댓값이란 양수든 음수든 상관없이 0으로부터 얼마나 떨어져 있는가를 나타내는 거야. 그러니까 부호를 떼기만 하면 돼. 네가 집에서 동쪽으로 500m를 가든, 서쪽으로 500m를 가든 결국 500m를 간 것은 마찬가지잖아?

절댓값은 **0으로부터**의 **거리**
그러니까 **부호**를 **떼고 생각해**

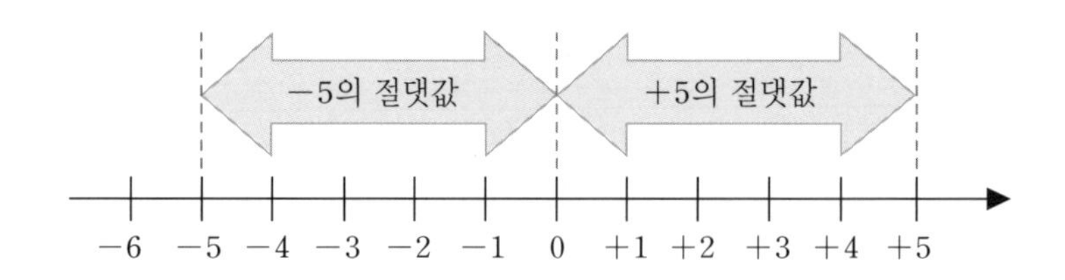

−5의 절댓값은 0과 −5의 거리이므로 5

+5의 절댓값은 0과 +5의 거리이므로 5

절댓값이 5(=0으로부터의 거리가 5)인 수는 −5와 +5

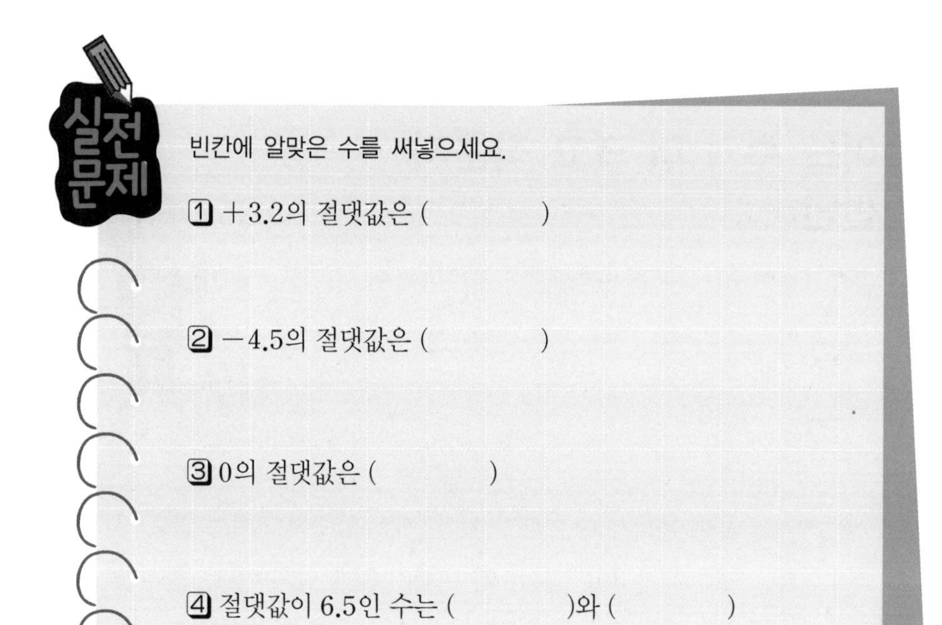

실전문제

빈칸에 알맞은 수를 써넣으세요.

1 $+3.2$의 절댓값은 (　　　　)

2 -4.5의 절댓값은 (　　　　)

3 0의 절댓값은 (　　　　)

4 절댓값이 6.5인 수는 (　　　　)와 (　　　　)

정답 1 3.2 2 4.5 3 0 4 $+6.5$, -6.5

어느 수가 더 크고 작은지 판단하기

수의 크기를 묻는 문제가 나올 때가 있어. 사실 양수의 크기는 별로 어렵지 않아. +1보다 +3이 크다는 건 어렵지 않게 알 수 있지. 하지만 음수로 넘어가면 살짝 헷갈릴 수 있어. 또 양수와 음수가 섞여 나오면 머리가 복잡해질 거야. 하지만 쉽게 푸는 방법이 있어. 이것만 외우면 돼. 오른쪽이 더 크다.

무조건 수직선의 오른쪽에 가까울수록 크다
오른쪽이 큰 거야, 알겠어?

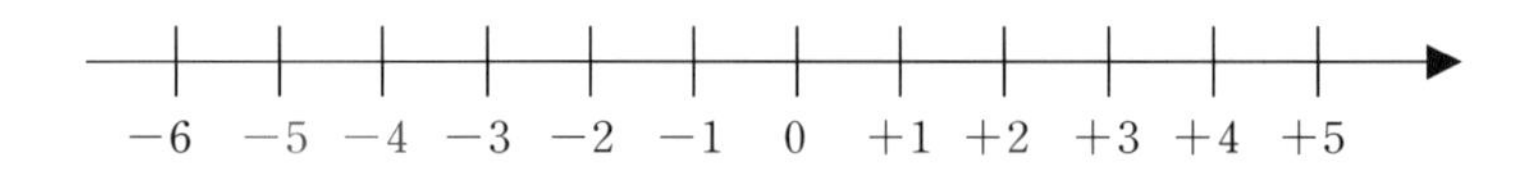

−5와 −4를 수직선에서 보면, 수직선의 오른쪽에 있는 −4가 더 커. 부등호는 다음과 같이 열린 쪽이 큰 거지.

$<$ (열린 쪽)　　　　(열린 쪽) $>$

따라서 대소 관계는 $-5<-4$ 또는 $-4>-5$로 나타낼 수 있지.

쉽게 생각해 봐. -3보다는 -2가 크고, -1보다는 0이 크잖아?
이걸 외우기 쉽게 다르게 표현한 것뿐이야.

-1과 0을 보면 0이 수직선의 오른쪽에 있으므로 더 커.
-1과 0의 대소 관계는 $-1<0$ 또는 $0>-1$로 나타낼 수 있어.

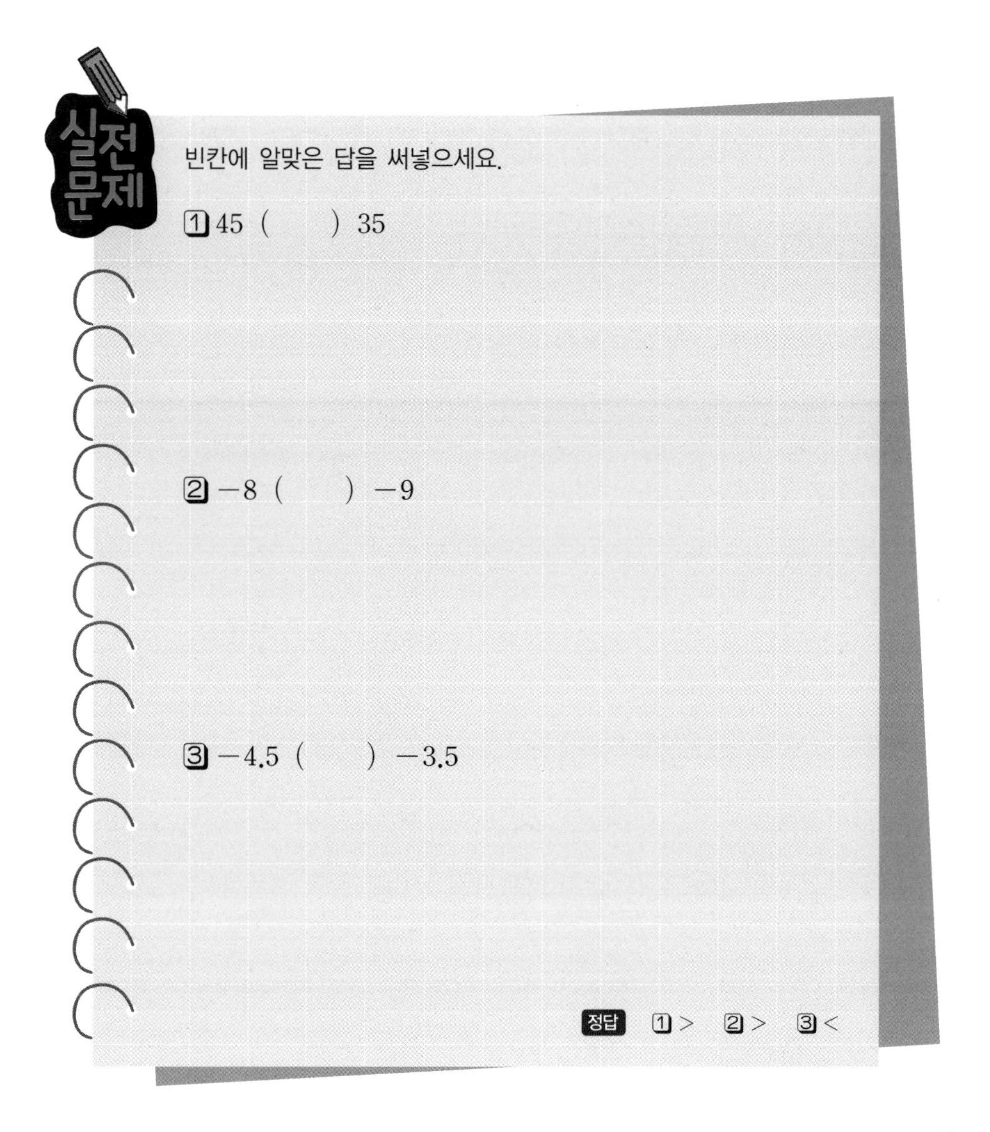

실전문제

빈칸에 알맞은 답을 써넣으세요.

① 45 (　　) 35

② -8 (　　) -9

③ -4.5 (　　) -3.5

정답 ① $>$ ② $>$ ③ $<$

chapter 02

문자식

지금까지 우리가 배웠던 식은 숫자만 나왔지? 하지만 식 중에는 숫자뿐 아니라 a, b 같은 문자가 섞여 있는 식도 있어. 이렇게 문자가 들어간 식을 문자식이라고 해.

문자식에서는 **문자 앞**에 **붙은 ×**와 **1**을 **지워**

01

지금까지 우리가 배웠던 식은 숫자만 나왔지? 하지만 식 중에는 숫자뿐 아니라 a, b 같은 문자가 섞여 있는 식도 있어. 이렇게 문자가 들어간 식을 문자식이라고 해. 문자식은 지금까지의 식과 다르게 바로바로 답이 나오지 않아. 그래서 정리가 필요하지. 이제 문자식을 정리하는 기본적인 방법을 배워 보자.

×는 생략

예 다음 식을 생략하여 나타내세요.

$4\times a=4a$

$5\times d=5d$

이와 같이 문자식에서는 ×를 생략해.

이건 그냥 규칙이라서 외우는 게 편할 거야.

$4a$는 a가 4개 있다는 뜻이니 ×를 굳이 안 써도 되거든.

마찬가지로 $5d$는 d가 5개 있다는 뜻이니 ×를 안 써도 되겠지?

다음 식을 생략하여 나타내세요.

① $5\times c=$

② $-4\times x=$

정답 ① $5c$ ② $-4x$

×를 생략한 식은 알파벳 순, 숫자는 맨 앞

후후후, 알파벳 순서는 다 알고 있겠지?

노래도 있잖아, 에이 비 씨 디 이 에프 지…

이렇게 정리하는 이유는 계산하기 편하게 하기 위해서야.

순서가 뒤죽박죽이면 나중에 계산하기 불편하지 않겠어?

예 다음 식을 생략하여 나타내세요.

$4\times c\times b=4bc$

$a\times(-5)\times c=-5ac$

$5\times z\times y\times x=5xyz$

이와 같이 문자식에서는 ×를 생략하면서 숫자를 맨 앞에 적고 알파벳 순서대로 적는 거지.

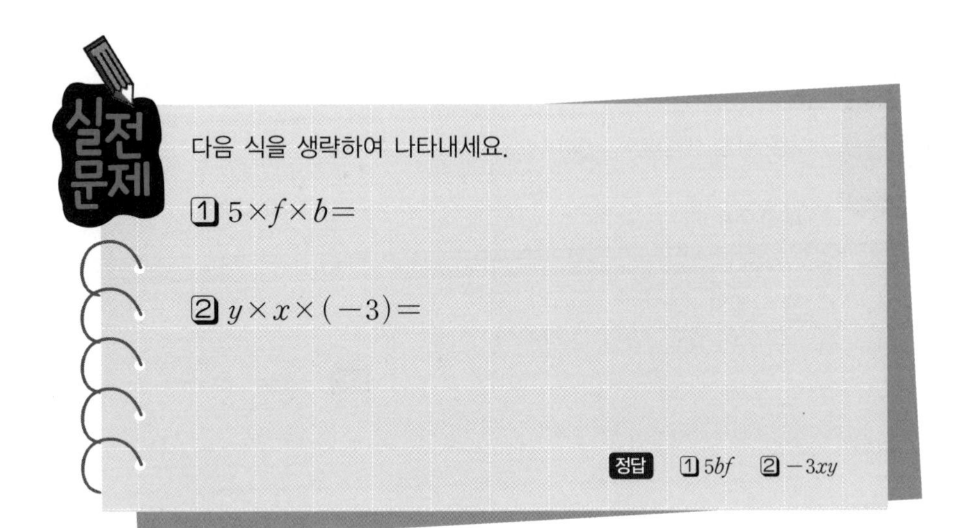

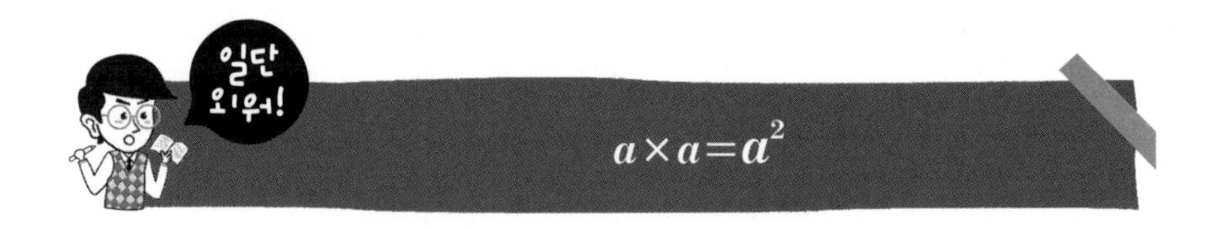

위의 작은 숫자 2는 같은 수 a를 그 숫자만큼 곱했다는 뜻이야.

이건 진작에 배웠지? 벌써 잊어버리면 안 돼!

$2\times2=2^2$

$(-3)\times(-3)=(-3)^2$으로 나타낼 수 있어.

이건 문자식에서도 마찬가지야.

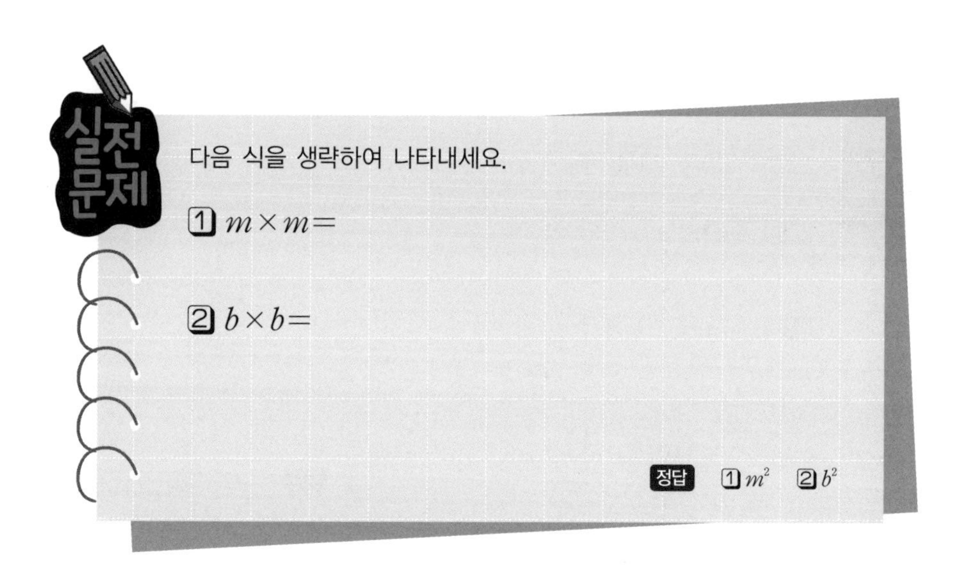

실전 문제

다음 식을 생략하여 나타내세요.

1. $m \times m =$

2. $b \times b =$

정답 1. m^2 2. b^2

1은 생략한다

곱셈에서 1은 생략해. 이렇게 생각하면 쉬워.

부모님이 용돈으로 천 원을 주셨다고 하자.

우리는 이 상황에서 "1천 원을 받았다"라고 하지 않아.

천 원이 하나이니까 1을 굳이 쓰지 않아도 되는 거지.

예 $1 \times a = a$를 생략하여 나타내면

$1 \times a$의 $\times$를 생략하여 $1a$, 다시 1도 생략하므로 a가 되지.

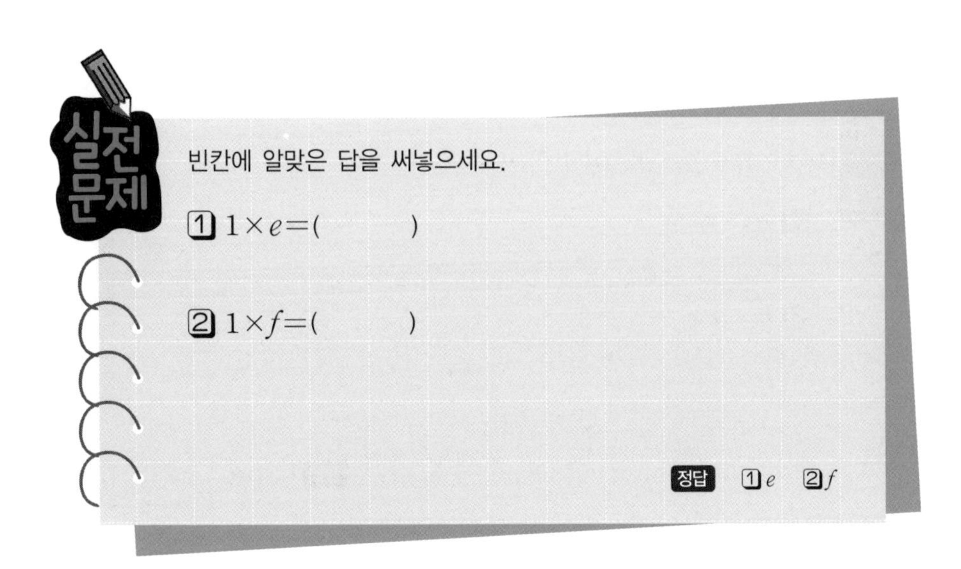

예 $-1\times a=-a$를 생략하여 나타내면

$-1\times a$의 $\times$를 생략하여 $-1a$, 다시 1도 생략하므로 $-a$가 되지.

우리가 지금 배우고 있는 건, 더 복잡한 문제를 풀기 위해 간단히 정리하는 기본 중의 기본이야. 어려워 보이는 식도 이런 식으로 정리하면 간단해.

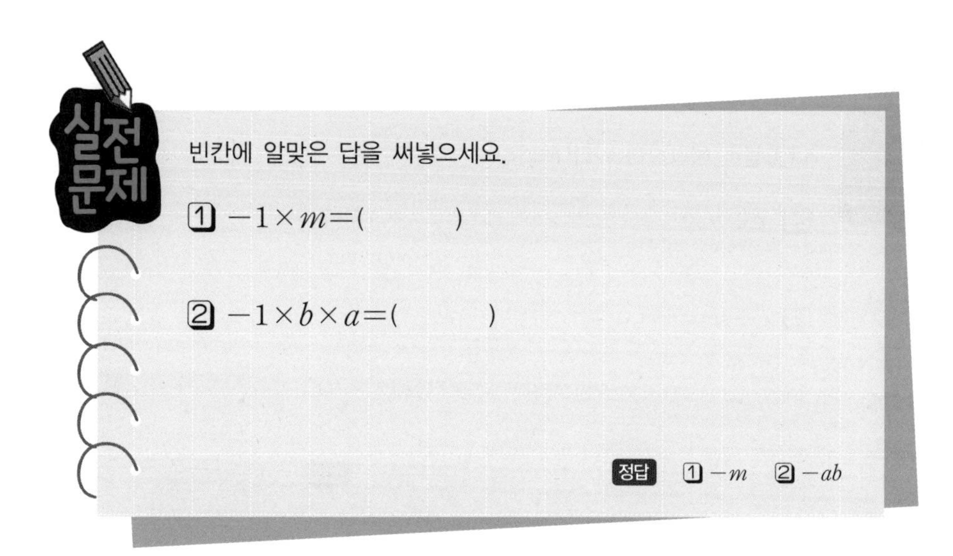

예 $a\div b=\frac{a}{b}$ 일 때

$4\div 5=\frac{4}{5}$ 로 나눗셈의 정답을 분수로 나타냈어.

분수의 분(分)은 '나눈다'는 뜻이거든. 알았으면 미안해.

문자식에서도 이와 마찬가지란다.

나눗셈을 생략하여 나타내세요.

① $x \div y=$

② $c \div d=$

정답 ① $\frac{x}{y}$ ② $\frac{c}{d}$

나눗셈과 곱셈의 조합은 곱셈으로 고친다

예 $b \div a \times c \div e$를 × 와 ÷를 생략하여 나타내세요.

$4 \div 2 = 4 \times \frac{1}{2}$ 이므로

$\div a = \times \frac{1}{a}$ $\quad \div e = \times \frac{1}{e}$ 따라서

$b \div a \times c \div e = b \times \frac{1}{a} \times c \times \frac{1}{e} = \frac{bc}{ae}$

나눗셈을 곱셈으로 고치면

분자와 분모에 오는 것이 보기 편해져서 쉽게 풀 수 있어.

다음 식을 ×와 ÷를 생략하여 나타내세요.

① $b \div c \times d =$

② $a \div d \div e \times f =$

정답 ① $b \times \frac{1}{c} \times d = \frac{bd}{c}$ ② $a \times \frac{1}{d} \times \frac{1}{e} \times f = \frac{af}{de}$

+, −, ( )는 생략하는 게 아니야

그렇다고 무조건 지우는 게 아니야. +, −, ( )는 푸는 순서와 관련이 있기 때문에 함부로 생략하면 안 돼!

예 $b \div c + e \times d$를 생략하여 나타내세요.

$b \div c = \frac{b}{c}$ … ÷는 생략

$e \times d = de$ … × 생략, 알파벳 순, +는 생략하지 않으므로,

$b \div c + e \times d = \frac{b}{c} + de$

예 $x \times y - (1 + d \times c)$를 생략하여 나타내세요.

$x \times y = xy$ ··· $\times$ 생략, 알파벳 순

$d \times c = cd$ ··· $\times$ 생략, 알파벳 순

$+$, $-$, (　)는 생략하지 않는다고 했지? 따라서

$x \times y - (1 + d \times c) = xy - (1 + cd)$

다음 식을 생략하여 나타내세요.

① $a \div b - c \div d =$

② $a \div 4 + c \times 4 =$

③ $a \div 2b - 4b \div a =$

④ $a \div d - (4 \times d \times b + y \div 6) =$

⑤ $c \times c - (-1 \times b \times e - 5 \times s \div m) =$

정답 ① $\frac{a}{b} - \frac{c}{d}$ ② $\frac{a}{4} + 4c$ ③ $\frac{a}{2b} - \frac{4b}{a}$ ④ $\frac{a}{d} - (4bd + \frac{y}{6})$ ⑤ $c^2 - (-be - \frac{5s}{m})$

문자식의 덧셈은 같은 문자끼리

02

문자식에도 덧셈이 있어. 숫자도 아닌 문자를 어떻게 더하냐고? 끼리끼리 묶어서 더해. 같은 문자끼리 묶어서 더하면 돼. a는 a끼리, b는 b끼리, c는 c끼리, 코는 코끼리……. 마지막 말은 잊어 버려. 이렇게 묶어서 덧셈을 하면 식이 훨씬 깔끔해질 거야.

같은 문자끼리 묶는다

아래 그림을 보자.

어른 네 명과 아이 한 명, 그리고 어른 두 명과 아이 두 명

＝모두 어른 여섯 명과 아이 세 명이지.

이 경우 어른은 어른끼리, 아이는 아이끼리 묶는 거야.

문자식도 이렇게 쉽게 생각해.

$$4a + b + 2a + 2b = 6a + 3b$$

숫자를 **계산**하고 **나중**에 **문자**를 **붙여**

예 $+2x-8x$를 계산하세요.

먼저 $+2-8=-6$으로 숫자를 계산하고

그 후 문자 x를 붙여 $-6x$라고 써.

$+2x-8x=-6x$

다음을 계산해 보세요.

① $-7y+9y=$

② $5bc-12bc=$

③ $+4a+6b-15a=$

④ $-c+5d+8c-13d=$

⑤ $4xy-8yz-13xy-9yz=$

⑥ $\frac{1}{4}ab-\frac{1}{3}ab=$

정답과 해설

① $-7y+9y=+2y$

② $5bc-12bc=-7bc$

③ $+4a+6b-15a=-11a+6b$

④ $-c+5d+8c-13d=+7c-8d$

⑤ $4xy-8yz-13xy-9yz=-9xy-17yz$

⑥ $\frac{1}{4}ab-\frac{1}{3}ab=-\frac{1}{12}ab$

$\frac{1}{4}-\frac{1}{3}=\frac{3}{12}-\frac{4}{12}=-\frac{1}{12}$에 ab를 붙여

(　　)를 풀 때는 분배법칙으로

03

식을 풀다 보면 (　　) 안을 풀어야 하는 경우가 있어. 이럴 때 (　　) 밖의 수를 (　　) 안의 수에 똑같이 곱하거나 나누어야 해. 이를 분배법칙이라고 하지. 법칙이라는 건 반드시 지켜야 하는 것을 말하니까 (　　)를 풀 때는 반드시 지켜야 해. 어려워 보여? 쉽게 설명해 줄게.

세트를 산다고 생각하고 풀면 술술~~

출출한데 밥 먹기는 귀찮을 때 혹은 시간이 없을 때, 너희들은 무엇을 먹어? 난 편의점에서 삼각김밥 혹은 그냥 김밥을 골라.

그럴 때 항상 고민이 되더라고. 삼각김밥을 먹을지, 그냥 김밥을 먹을지. 그러다가 결국 둘 다 하나씩 사서 세트를 만들어 먹지.

삼각김밥 1개와 그냥 김밥 1개로 구성된 세트를 2세트 사는 경우를 생각해 보자.

   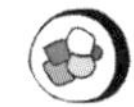

위의 그림에서

과 을 2세트 사면,  

도 2개, ( )도 2개가 되지.

이 내용을 식으로 나타내면,

2×(+)=2(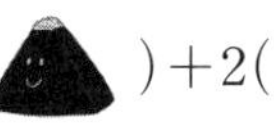)+2( )이 되겠지.

만약 3세트를 사면 ()도 3개, ( )도 3개이므로,

3×(+)=3( )+3( )

이것이 분배법칙이야.
분배법칙을 쉽게 이미지로 연상할 수 있게 나타냈으니,
삼각김밥과 김밥 대신 숫자와 문자를 넣기만 하면 되겠지.

( )의 밖이 4라면 ( ) 안의 각각이 4배,
( )의 밖이 5라면 ( ) 안의 각각이 5배가 될 거야.

예 $3\times(\boxed{2}\boxed{+4})$를 분배법칙으로 계산하세요.

쉽게 세트 구매 이미지로 연상하면 $\boxed{2}$도 3배, $\boxed{+4}$도 3배를 해야겠지?

$3\times\boxed{2}=6 \qquad 3\times\boxed{+4}=+12$이므로

$3\times(\boxed{2}\boxed{+4})=6+12=18$

예 $-2\times(\boxed{3}\boxed{-5})$를 분배법칙으로 계산하세요.

세트 구매의 이미지로 (　　) 안을 각각 $\boxed{3}$은 -2배, $\boxed{-5}$도 -2배를 하면 돼.

$-2\times\boxed{3}=-6 \qquad -2\times\boxed{-5}=+10$이므로

$-2\times(\boxed{3}\boxed{-5})=-6+10=+4$

다음을 분배법칙으로 계산하세요.

예 $-2\times(3-5)=-6+10=+4$

① $-4\times(7-3)=$

② $6\times(-2+5)=$

③ $-7\times(-3-5)=$

① $-4\times(\boxed{7}\boxed{-3})=-28+12=-16$

② $6\times(\boxed{-2}\boxed{+5})=-12+30=+18$

③ $-7\times(\boxed{-3}\boxed{-5})=+21+35=+56$

예 $2(x+4)$를 분배법칙으로 계산하세요.

$2(\boxed{x}\boxed{+4})=2\times(\boxed{x}\boxed{+4})$가 될 거야.

세트라고 생각하면, $\boxed{x}$ 도 2배, $\boxed{+4}$ 도 2배를 해야겠지?

$2\times\boxed{x}=2x$ $\quad 2\times\boxed{+4}=+8$이므로

$2(\boxed{x}\boxed{+4})=2\times(\boxed{x}\boxed{+4})=2x+8$이야.

예 $-3(a-5)$를 분배법칙으로 계산하세요.

$-3(\boxed{a}\boxed{-5})=-3\times(\boxed{a}\boxed{-5})$일 거야.

세트라고 생각하면 $\boxed{a}$ 도 -3배, $\boxed{-5}$ 도 -3배 해야지?

$-3\times\boxed{a}=-3a$ $\quad -3\times\boxed{-5}=+15$이므로

$-3(\boxed{a}\boxed{-5})=-3\times(\boxed{a}\boxed{-5})=-3a+15$가 될 거야.

다음을 분배법칙으로 계산하세요.

예 $-5(x-y)=-5x+5y$

① $3(a-b)=$

② $-4(-2a+b)=$

③ $-5(x-6)=$

정답과 해설

① $3(\boxed{a}\ \boxed{-b})=3a-3b$

② $-4(\boxed{-2a}\ \boxed{+b})=+8a-4b$

③ $-5(\boxed{x}\ \boxed{-6})=-5x+30$

$(a+b)=a+b, \quad -(a+b)=-a-b$

문자식의 규칙에 따라 ×와 1은 생략할 수 있기 때문에

$1\times a=a$였어. 설마 잊진 않았겠지? 이에 따라

$(\boxed{a}\boxed{+b})=1\times(\boxed{a}\boxed{+b})$가 돼. 분배법칙에 따라

$1\times(\boxed{a}\boxed{+b})=a+b$가 되겠지. 결국,

$(\boxed{a}\boxed{+b})=a+b$가 돼.

문자식의 규칙에 따라 ×와 1을 생략하기 때문에

$-1\times a=-a$였어. 따라서

$-(\boxed{a}\boxed{+b})=-1\times(\boxed{a}\boxed{+b})$가 되겠지. 분배법칙에 따라,

$-1\times(\boxed{a}\boxed{+b})=-a-b$가 되겠지. 결국,

$-(\boxed{a}\boxed{+b})=-a-b$인 거지.

$(a+b)$에서는 1이, $-(a+b)$는 -1이 ( )안에 각각에 걸려.

다음을 분배법칙으로 계산하세요.

예 $(b+3)=b+3$ $\quad -(b+3)=-b-3$

1 $(b-c)=$

2 $-(b-c)=$

정답과 해설

1 $(b-c)=1\times(\boxed{b}\ \boxed{-c})=b-c$

2 $-(b-c)=-1\times(\boxed{b}\ \boxed{-c})=-b+c$

사칙연산을 할 때는 덩어리로

04

양수와 음수에서 사칙연산을 할 때 어떻게 했지? 벌써 잊어버리면 안 되는데. 그래, 맞아. 곱셈, 나눗셈 부분을 덩어리로 묶어서 풀었지. 문자식에서도 마찬가지야. 곱셈, 나눗셈 부분은 부호와 함께 묶어. 부호를 함께 묶지 않으면 곱셈이나 나눗셈에서 부호가 바뀔 수 있으니 조심해야 해.

곱셈(나눗셈) 부분을 부호를 포함한 덩어리로 생각하면 돼

$4\times(-5)-(-6)\div(-3)$을

음수 1개 $4\times(-5)$ 음수 3개 $-(-6)\div(-3)$

$=-20$ $\quad -2 \quad =-22$처럼

곱셈(나눗셈) 부분을 부호를 포함한 덩어리로 생각하면 쉽게 풀리지. 문자식에서도 이와 마찬가지야.

예 $x+3(x+2)$를 계산하세요.

$3(x+2)=3\times(x+2)$겠지?

곱셈(나눗셈) 부분을 부호를 포함한 덩어리로 생각하므로,

$+3(x+2)$를 한 덩어리라고 생각해야 하는 거야.

다시 이것은 분배법칙(기억나지?)으로 (   )를 빼낼 수 있어. 따라서

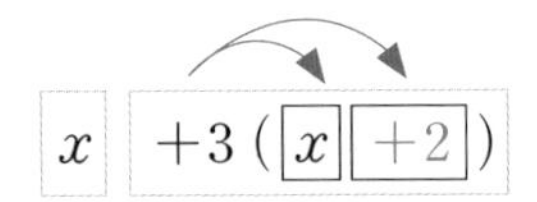

$=x+3x+6$

$=4x+6$이 되는 거야.

예 $x-3(x-2)$를 계산하세요.

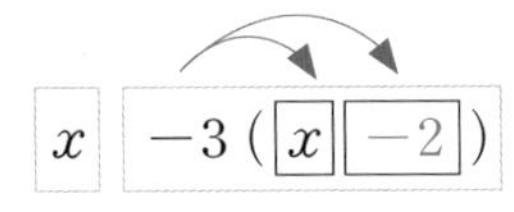

$=x-3x+6$

$=-2x+6$이 되지.

다음을 계산하세요.

1 $-(x-y)-2(x+y)=$

2 $-2(a+b)-(-a-b)=$

정답과 해설

1 $-(\boxed{x}\,\boxed{-y})\quad -2\,(\boxed{x}\,\boxed{+y})$

$=-x\ +y\quad -2x\ -2y$

$=-3x-y$

2 $-2\,(\boxed{a}\,\boxed{+b})\quad -(\boxed{-a}\,\boxed{-b})$

$=-2a\ -2b\quad +a\ +b$

$=-a-b$

대입해서 식의 값을 구할 때는 (   )를 붙이자

05

문자식에서 문자에 특정한 수를 대입해 풀어야 하는 문제가 있어. 이럴 때는 (   )를 붙이는 습관을 들이자. 왜냐하면 그냥 대입하면 부호 때문에 헷갈릴 수가 있거든. 곱셈과 나눗셈에서는 부호가 바뀔 수가 있기 때문에 항상 (   )를 붙여야 해.

대입은 꼭 (   )를 붙여서 하기

예 $b=-5$일 때, 다음 식의 값을 구하세요.

① b^2

−5를 대입해

$$b^2=(-5)^2=(-5)\times(-5)=+25$$

② $-b^2$

−5를 대입해

$$-b^2=-(-5)^2=-1\times(-5)\times(-5)=-25$$

이와 같이 문자에 숫자를 대입할 때, 문자를 (   )로 하여 숫자를 넣으면 실수하지 않고 정확하게 풀 수 있어.

$a=-4$일 때, 다음 식의 값을 구하세요.

① $-4a+6=$

② $a^2+4a=$

정답과 해설

① $-4a+6=-4\times(-4)+6=16+6=22$

② $a^2+4a=(-4)^2+4\times(-4)=16-16=0$

먼저 **같은 종류(동류항)**를 **모은 다음 대입**
항상 **끼리끼리 묶으면** 편해

예 $b=-5$일 때, 다음 식의 값을 구하세요.

① $4b-2-6b-7$

$4b-2-6b-7=-2b-9=-2\times(-5)-9$

$=10-9=1$

먼저 같은 동류항끼리 묶는다

대입한다

② b^2+5-4b^2

$$b^2+5-4b^2=-3b^2+5=-3\times(-5)^2+5$$
$$=-3\times(-5)\times(-5)+5$$
$$=-75+5=-70$$

대입한다

먼저 같은 동류항끼리 묶는다

$a=-4$, $b=3$일 때, 다음 식의 값을 구하세요.

① $-4a+2b-2a-7b=$

② $a^2+4a-4a^2=$

정답과 해설

① $-4a+2b-2a-7b=-6a-5b$
$$=-6\times(-4)-5\times(3)$$
$$=24-15=9$$

② $a^2+4a-4a^2=-3a^2+4a$
$$=-3\times(-4)^2+4\times(-4)$$
$$=-3\times(-4)\times(-4)+4\times(-4)$$
$$=-48-16=-64$$

문자를 이용하여 식을 세우기

06

문자를 이용해서 식을 세워야 할 때가 있어. 이럴 때 헷갈리지 않기 위해서는 문자 a, b, x, y를 2나 3 같은 간단한 숫자로 생각하면 돼. 익숙해지면 이 과정을 건너뛰어서 바로 문자로 놓아도 돼. 어떻게 하든 단위를 잊으면 안 된다는 거.

단위를 잊지 않는다

이해가 **잘되지 않을 때는 간단한 수**라고 **생각한 다음 문자**로 **바꾸면 돼**

예 다음을 문자를 이용한 식으로 나타내세요.

① 매시간 $x$km의 속력으로 y시간을 걸었을 때의 거리.

매시간 2km의 속력으로 3시간을 걸었을 때의 거리는,

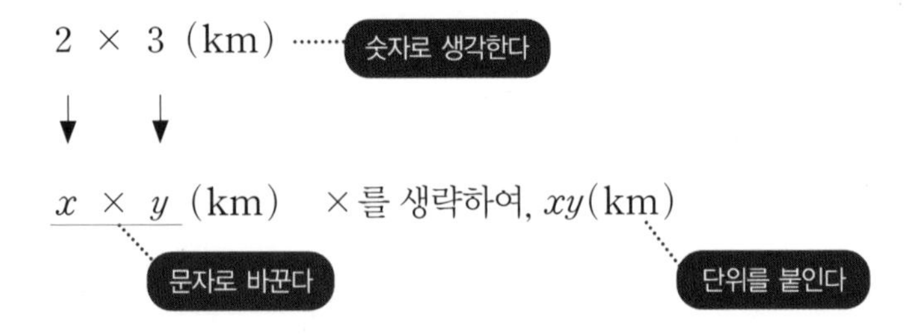

② 한 자루에 a원인 연필 3자루와, 한 권에 b원인 노트 6권을 샀을 때 지불해야 하는 금액.

한 자루에 20원인 연필 3자루와, 한 권에 50원인 노트 6권을 샀을 때 지불해야 하는 금액은,

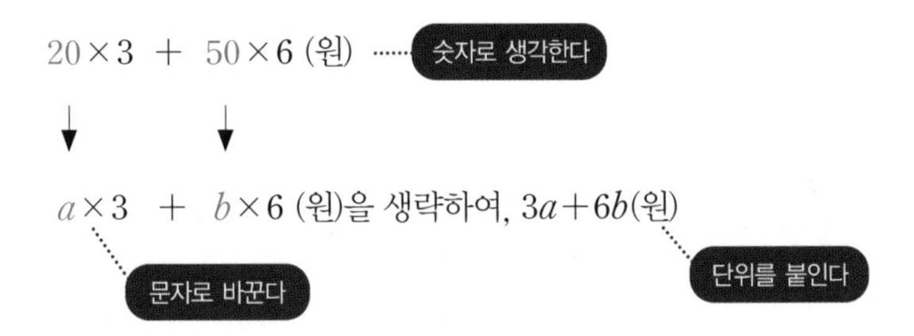

다음을 문자를 이용한 식으로 나타내세요.

① 한 개 ag인 물건 6개를, 질량 bg의 상자에 넣었을 때의 전체 질량.

② 첫 번째가 x점, 두 번째가 y점일 때, 이 두 번의 평균점.

③ $x$km의 거리를, 매시간 $a$km의 속력으로 갈 때 걸리는 시간.

정답과 해설

① 1개 30g인 물건 6개를, 질량 100g의 상자에 넣었을 때의 전체 질량은,

$30 \times 6 + 100$ (g)

↓ ↓

$a \times 6 + b$ (g) ×를 생략하여, $6a+b$(g)

② 첫 번째가 50점, 두 번째가 30점일 때, 이 2회의 평균점은,

$\frac{50 + 30}{2}$ (점)

↓ ↓

$\frac{x + y}{2}$ (점)

③ 20km의 거리를 매시간 5km의 속력으로 갈 때 걸리는 시간은,

$\frac{20}{5}$ (시간)

$\frac{x}{a}$ (시간)

등식을 **세울 때**는 **단위**는 **빼고** 생각해

값을 구할 때는 단위를 잊으면 안 되지만, 식에서는 단위를 넣어선 안 돼. 식에서는 단위를 붙이지 않는다는 걸 꼭 기억해야 해.

단위는 붙이지 않기

예 다음 수량의 관계를 등식으로 나타내세요.

a원인 물건을 b개 사고 3,000원을 냈을 때의 거스름돈은 c원이라고 하자.

300원인 물건을 5개 사고 3,000원을 냈을 때의 거스름돈은 1,500원이겠지. 이것은,

$3000-300\times5=1500$

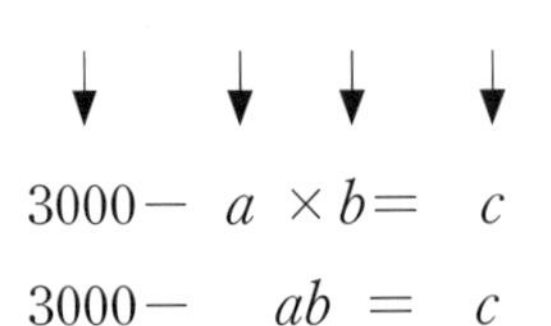

$3000-\ a\ \times b=\ c$

$3000-\ ab\ =\ c$

'이해가 잘되지 않을 때는 숫자로 생각하고 문자로 바꾼다'라는 방식으로 하는데, 등식의 경우에는 무심코 단위를 붙이지 않도록 조심해야 해.

다음 수량의 관계를 등식으로 나타내세요.

① b자루의 연필을 한 사람당 3자루씩 d명에게 나눠 주면 1자루가 남는다.

② 밑면 한 변이 $a$cm인 정사각형에 높이가 $h$cm인 직육면체의 부피는 Vcm^3.

③ 올해 아버지는 46세, 아들은 17세로, y년 후에는 아버지의 연령이 아들 연령의 2배가 된다.

① 31자루의 연필을 한 사람당 3자루씩, 10명에게 나눠 주면 1자루가 남는다.

$31 - 3 \times 10 = 1$

↓ ↓ ↓ ↓

$b - 3 \times d = 1$

$b - 3d = 1$

② 밑면 한 변이 2cm인 정사각형에 높이가 5cm인 직육면체의 부피는,

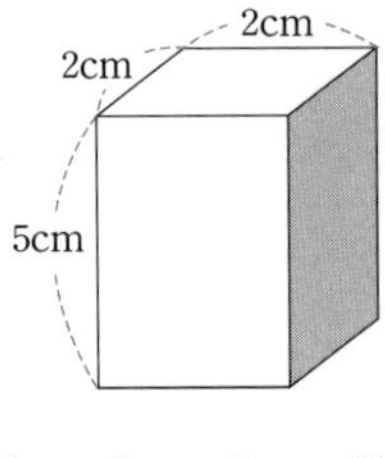

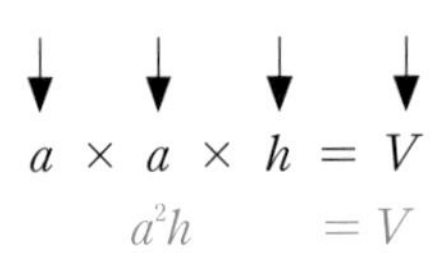

$2 \times 2 \times 5 = 20$

↓ ↓ ↓ ↓

$a \times a \times h = V$

$a^2h = V$

③ 올해 아버지는 46세, 아들은 17세로, 2년 후에는 아버지의 연령이 아들 연령의 2배가 된다.

$46 + 2 = 2 \times (17 + 2)$

↓ ↓ ↓ ↓ ↓

$46 + y = 2 \times (17 + y)$

$46 + y = 2(17 + y)$

chapter 03

일차방정식

방정식이란 문자에 어떤 숫자를 넣느냐에 따라서 틀릴 수도 있고, 맞을 수도 있는 식을 말해. x에 어떤 수가 들어가는지 알기 위해선 일단 x 앞에 붙은 수를 1로 만들 필요가 있어.

$3x=12$와 같은 유형

01

이제 방정식을 공부할 시간이 찾아왔어. 방정식이란 문자에 어떤 숫자를 넣느냐에 따라서 틀릴 수도 있고, 맞을 수도 있는 식을 말해. 일단 우리가 공부할 방정식은 $3x=12$ 같은 스타일의 방정식이야. x에 어떤 수가 들어가는지 알기 위해선 일단 x 앞에 붙은 수를 1로 만들 필요가 있어. $x=1x$라는 거 알지? 그러기 위해서 가장 쉬운 방법은 식의 양변에 역수를 곱하는 거야. 역수가 뭐냐고?

역수는 위아래를 반대로 한 수

예 $\frac{5}{3}$의 역수를 구하세요.

$\frac{\boxed{5}}{\textcircled{3}}$의 역수는 위아래를 반대로 한 $\frac{\textcircled{3}}{\boxed{5}}$이야.

원래의 수와 역수를 곱하면 1이 되지.

$$\frac{\boxed{5}}{\textcircled{3}} \times \frac{\textcircled{3}}{\boxed{5}} = 1$$

예 $-\frac{2}{3}$의 역수를 구하세요.

$-\frac{\boxed{2}}{③}$의 역수는, 위아래를 반대로 하여 $-\frac{③}{\boxed{2}}$이야.

원래의 수와 역수를 곱하면 1이 되지.

$$-\frac{\boxed{2}}{③}\times\left(-\frac{③}{\boxed{2}}\right)=1$$

예 4의 역수를 구하세요.

$4=\frac{\boxed{4}}{①}$이므로, 4의 역수는 $\frac{①}{\boxed{4}}$이야.

빈칸에 알맞은 수를 써넣으세요.

① $\frac{3}{7}$의 역수는 (　　　　　)

② $-\frac{5}{6}$의 역수는 (　　　　　)

③ 3의 역수는 (　　　　　)

④ -2의 역수는 (　　　　　)

정답 ① $\frac{7}{3}$ ② $-\frac{6}{5}$ ③ $\frac{1}{3}$ ④ $-\frac{1}{2}$

양변에 x 앞의 숫자 역수를 곱하자

$5x=25$라는 식이면 역수는 x 앞의 숫자의 역수라는 의미야.

따라서 양변에 x 앞의 숫자 5의 역수인 $\frac{1}{5}$을 곱하면 쉽게 풀 수 있어.

$-3x=18$이라는 식이면, x 앞의 숫자 -3의 역수 $-\frac{1}{3}$을 양변에 곱하면 되지.

예 $8x=72$를 풀어 보세요.

$8x=72$의 양변에 8의 역수 $\frac{1}{8}$을 곱해.

$$8x\times\frac{1}{8}=72\times\frac{1}{8}$$

$$x=9$$

위의 계산에서 좌변은 반드시 x가 되기 때문에, 보통은

$8x\times\frac{1}{8}=72\times\frac{1}{8}$이 아니라, 좌변의 계산을 생략하여 $x=72\times\frac{1}{8}$로 적어.

다음 페이지부터는 좌변의 계산을 생략한 형태로 표시할게.

다음 방정식을 풀어 보세요.

① $5x=-125$

② $-12x=-156$

③ $-7x=63$

④ $-9x=117$

정답과 해설

① 양변에 $\frac{1}{5}$을 곱해.

$x=-125\times\frac{1}{5}$

$x=-25$

② $x=-156\times(-\frac{1}{12})$

$x=13$

③ $x=63\times(-\frac{1}{7})$

$x=-9$

④ $x=117\times(-\frac{1}{9})$

$x=-13$

$3x-9=6$과 같은 유형

$3x-9=6$처럼 덧셈이나 뺄셈이 추가로 들어가는 스타일의 방정식은 이항으로 풀자. 이항이란 -9 같은 항을 다른 변으로 넘기는 것을 말해. 단, 다른 변으로 넘길 때 부호가 바뀐다는 것을 주의하자.

먼저 x항만 두고 이항하자

이항은 항(3, -2, $3x$, $-8x\cdots$)이 좌변에서 우변으로, 우변에서 좌변으로 =를 뛰어넘어, 변신(=부호가 바뀐다)하는 것을 말해.

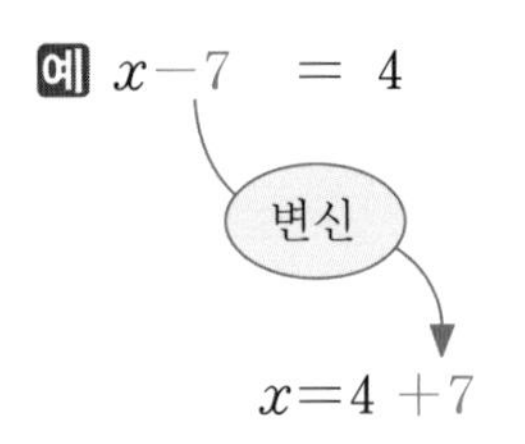

-7이 좌변에서 우변으로 이동하여 $+7$로 바뀌었다. 이것이 이항.

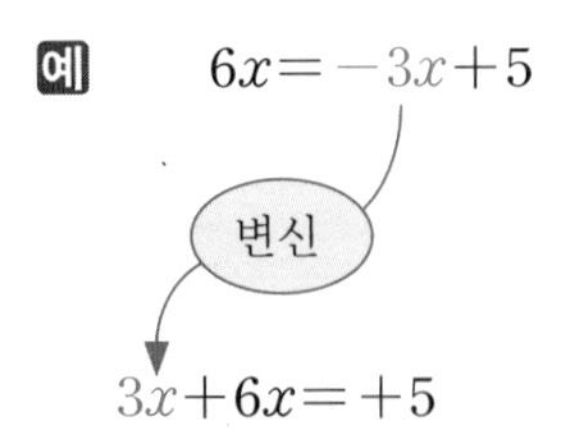

$-3x$가 우변에서 좌변으로 이동하여 $3x$로 변신했다. 이것이 이항.

이와 같이 좌변으로 x항 ($2x$, $-4x$…), 우변으로 숫자 (2, 4, -3…)를 모으는 것이 이항의 역할이야.

$2x-8=6$, $3x+9=x$…와 같은 스타일의 방정식에서는 먼저 이항을 통해 좌변으로 x항을 모으고, 우변으로 숫자를 모으는 것이 문제를 쉽게 풀 수 있는 방법이지.

예 $4x-8=36$을 풀어 보세요.

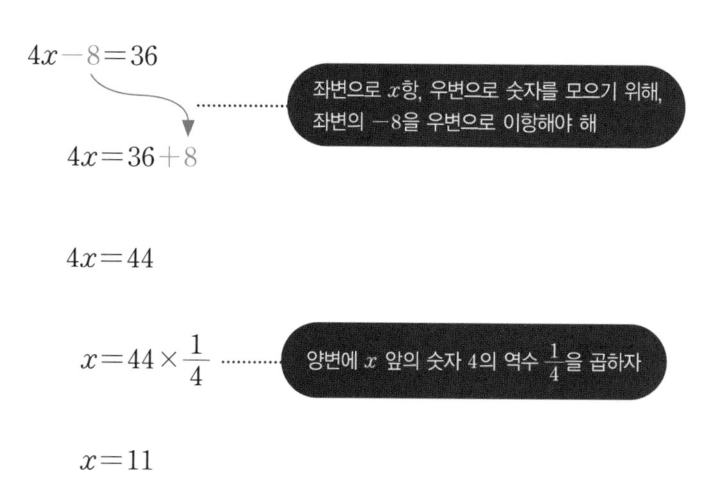

예 $-3x-17=-8x+18$을 풀어 보세요.

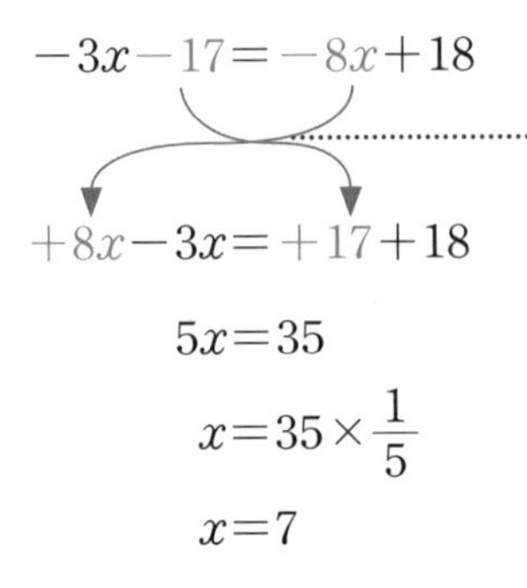

$$-3x-17=-8x+18$$

좌변으로 x항, 우변으로 숫자를 모으기 위해 좌변의 -17을 우변으로, 우변의 $-8x$를 좌변으로 이항해야지

$$+8x-3x=+17+18$$
$$5x=35$$
$$x=35\times\frac{1}{5}$$
$$x=7$$

다음 방정식을 풀어 보세요.

① $4x=-3x+168$

② $11x-33=2x+39$

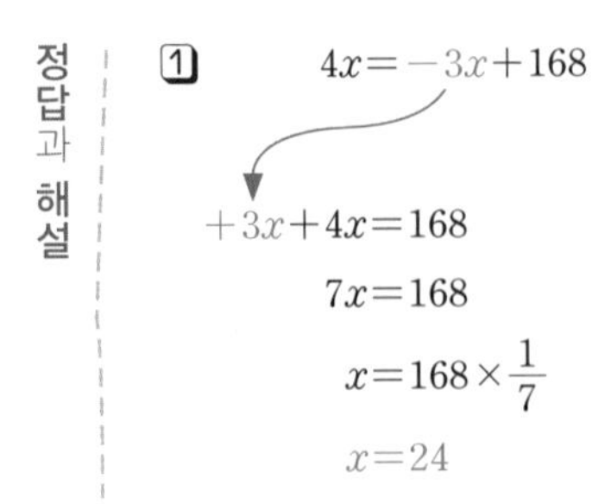

정답과 **해설**

①
$$4x=-3x+168$$
$$+3x+4x=168$$
$$7x=168$$
$$x=168\times\frac{1}{7}$$
$$x=24$$

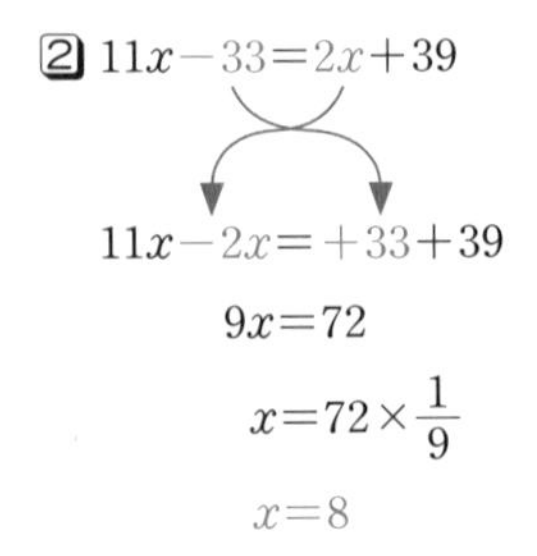

②
$$11x-33=2x+39$$
$$11x-2x=+33+39$$
$$9x=72$$
$$x=72\times\frac{1}{9}$$
$$x=8$$

$4x-2(x-2)=4$ 와 같은 유형

03

$4x-2(x-2)=4$와 같은 스타일의 방정식은 우선 (   ) 안을 빼내서 풀어.

먼저 (   )를 빼내자. (   ) 안에 든 걸 어떻게 빼낼까? 그래, 맞아! 앞에서 배웠던 **분배법칙**을 **사용해서 빼면 돼.** 참 쉽지?

예 $-5(x-4)=2x+97$을 풀어 보세요.

$-5(x-4)=2x+97$ ······ 먼저 (   )를 빼내

$-5x+20=2x+97$ ······ 그리고 이항해

$-5x-2x=-20+97$

$-7x=77$

$x=77\times\left(-\frac{1}{7}\right)$ ······ 역수를 곱해야겠지?

$x=-11$

다음 방정식을 풀어 보세요.

① $6x-5(2x-3)=59$

② $22-(x-1)=4x-52$

③ $-2x+5(3x-4)=x+64$

정답과 해설

① $6x-5(2x-3)=59$

$6x-10x+15=59$

$6x-10x=59-15$

$-4x=44$

$x=44\times(-\frac{1}{4})$

$x=-11$

② $22-(x-1)=4x-52$

$22-x+1=4x-52$

$-x-4x=-22-1-52$

$-5x=-75$

$x=-75\times(-\frac{1}{5})$

$x=15$

③ $-2x+5(3x-4)=x+64$

$-2x+15x-20=x+64$

$-2x+15x-x=+20+64$

$12x=84$

$x=84\times(\frac{1}{12})$

$x=7$

$\frac{x}{4}-5=\frac{2x-28}{5}$ 과 같은 유형

$\frac{x}{4}-5=\frac{2x-28}{5}$ 같이 분수가 섞여 있으면 굉장히 복잡하고 어려워 보이지? 이런 스타일의 방정식을 쉽게 풀려면 분수를 정수로 바꾸면 돼. 정수로 바꾸기 위해선 분모들의 최소공배수를 양변에 곱하면 되겠지.

먼저 분수를 정수로 바꿔야 해

예 $\frac{x}{3}-2=\frac{3x-13}{4}$ 을 풀어 보세요.

분모 3과 4의 최소공배수 12를 양변에 곱해.

양쪽에 같은 수를 곱하면 등식은 여전히 유지되면서 계산을 더 쉽게 할 수 있지.

좌변은 $12(\frac{x}{3}-2)=4x-24$

우변은 분수의 분자에 (　　　　　)를 붙이는 것이 포인트야.

$\frac{3x-13}{4}$ 의 분자에 (　　　　　)가 붙어 있지 않지만,

실질적으로는 $\frac{(3x-13)}{4}$과 같이 (　　　　　)가 붙어 있다고 생각하면 쉬워.

따라서 $12\times\frac{3x-13}{4}=12\times\frac{(3x-13)}{4}=3(3x-13)$

결국, 양변을 12배하면,

$4x-24=3(3x-13)$이 되겠지?

분수의 방정식은 이 형태로 만드는 것이 중요해.

이 형태는 바로 앞에서 배운 **03** 챕터 유형의 방정식이므로, 이후에는

(　　　　　)를 빼낸다 → 이항한다 → 역수를 곱한다

의 순으로 계산하면 돼.

다음 방정식을 풀어 보세요.

① $\frac{2}{3}x+1=\frac{4x+1}{5}$

② $\frac{1}{3}x+4=\frac{3x+22}{7}$

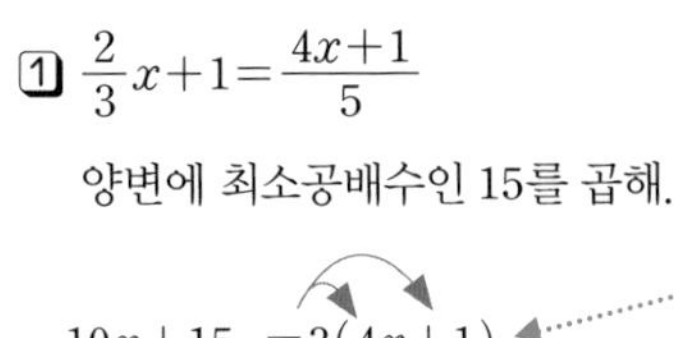

① $\frac{2}{3}x+1=\frac{4x+1}{5}$

양변에 최소공배수인 15를 곱해.

좌변 $15(\frac{2}{3}x+1)=10x+15$

우변 $15\times\frac{(4x+1)}{5}=3(4x+1)$

$$10x+15=3(4x+1)$$
$$10x+15=12x+3$$
$$10x-12x=-15+3$$
$$-2x=-12$$
$$x=-12\times\left(-\frac{1}{2}\right)$$
$$x=6$$

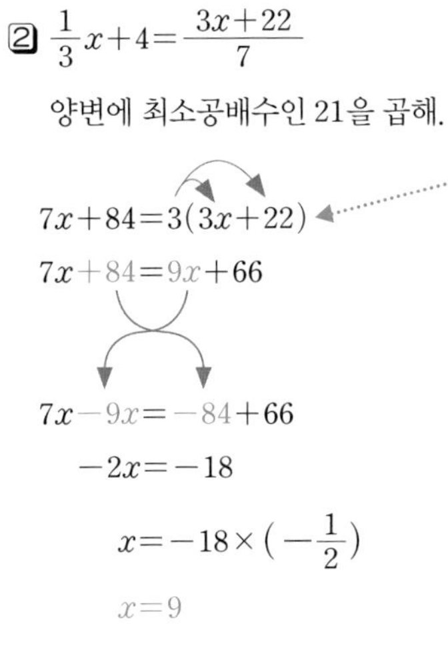

② $\frac{1}{3}x+4=\frac{3x+22}{7}$

양변에 최소공배수인 21을 곱해.

좌변 $21(\frac{1}{3}x+4)=7x+84$

우변 $21\times\frac{(3x+22)}{7}=3(3x+22)$

$$7x+84=3(3x+22)$$
$$7x+84=9x+66$$
$$7x-9x=-84+66$$
$$-2x=-18$$
$$x=-18\times\left(-\frac{1}{2}\right)$$
$$x=9$$

$0.8x-0.3=1.2x-0.7$ 과 같은 유형

05

소수가 섞여 있는 방정식이 나오면 막막하게 생각하는 사람도 있을 텐데, 아까 분수도 정수로 바꿨지? 이번에도 마찬가지야. 계산하기 편하도록 정수로 바꾸는 게 포인트야. 이번에는 소수의 자릿수를 보고 양변에 10이나 100, 혹은 1,000을 곱하면 되겠지?

먼저 소수를 정수로 바꿔

예 $1.4x-0.3=0.6x-0.13$을 풀어 보세요.

소수를 정수로 만들기 위해서 양변에 100을 곱해.

$$100(1.4x-0.3)=100(0.6x-0.13)$$

$$140x-30=60x-13$$ 소수의 방정식은 이 형태로 만드는 것이 포인트

$$80x=17$$

$$x=\frac{17}{80}$$

위의 예에서는 양변에 100을 곱했지만, 소수의 방정식에서는 먼저 소수를 정수로 만들기 위해 문제에 따라 양변에 10, 100 또는 1,000… 등을 곱하기도 해.

다음 방정식을 풀어 보세요.

① $0.5x-2.1=0.4x-1.9$

② $0.18x-1.4=-0.31x+0.7$

정답과 해설

① $0.5x-2.1=0.4x-1.9$

양변에 10을 곱해.

$5x-21=4x-19$

$5x-4x=+21-19$

$x=2$

$10(0.5x-2.1)=5x-21$

$10(0.4x-1.9)=4x-19$

② $0.18x-1.4=-0.31x+0.7$

양변에 100을 곱해.

$18x-140=-31x+70$

$18x+31x=+140+70$

$49x=+210$

$x=210\times\frac{1}{49}$

$x=\frac{30}{7}$

$100(0.18x-1.4)=18x-140$

$100(-0.31x+0.7)=-31x+70$

chapter 04

연립방정식

식 두 개에 x, y처럼 미지수가 두 개 있는 방정식을 연립방정식이라고 해. 연립방정식을 풀기 위해선 미지수 x, y 중 한쪽으로 식이 성립하도록 모으는 것이 중요해.

연립방정식을 풀 때는 일단 묶어서 정리하자

01

식 두 개에 x, y처럼 미지수가 두 개 있는 방정식을 연립방정식이라고 해. x가 하나 나오는 방정식을 풀 때, x만 남기고 깔끔하게 정리했지? 연립방정식도 일단 깔끔하게 정리해야 해. 그러기 위한 요령을 가르쳐 줄게.

세로로 푸는 계산은 (   )를 붙여 계산해

예 다음을 풀어 보세요.

$$\begin{array}{r} 2x+4y \\ +)\ \ x-3y \\ \hline \end{array}$$

위의 계산은 $(2x+4y)+(x-3y)$를 세로로 적은 거야.

가로로 푸는 계산이 익숙하면

$$(2x+4y)+(x-3y)$$
$$=2x+4y+x-3y=3x+y$$

이렇게 가로로 돌려서 계산하면 돼.

가로로 돌려 계산하는 것이 헷갈린다면, 세로 계산을 할 때 (　　　)
만 붙여 주어도 쉽게 계산을 할 수 있지.

$$\begin{array}{r} 2x+4y \\ +)\ (x-3y) \\ \hline 3x+y \end{array}$$

여기에 (　　)를 붙이면, x에 대하여 $2x+x$,
y에 대하여 $4y-3y$가 되는 것을 확실하게 알 수 있지

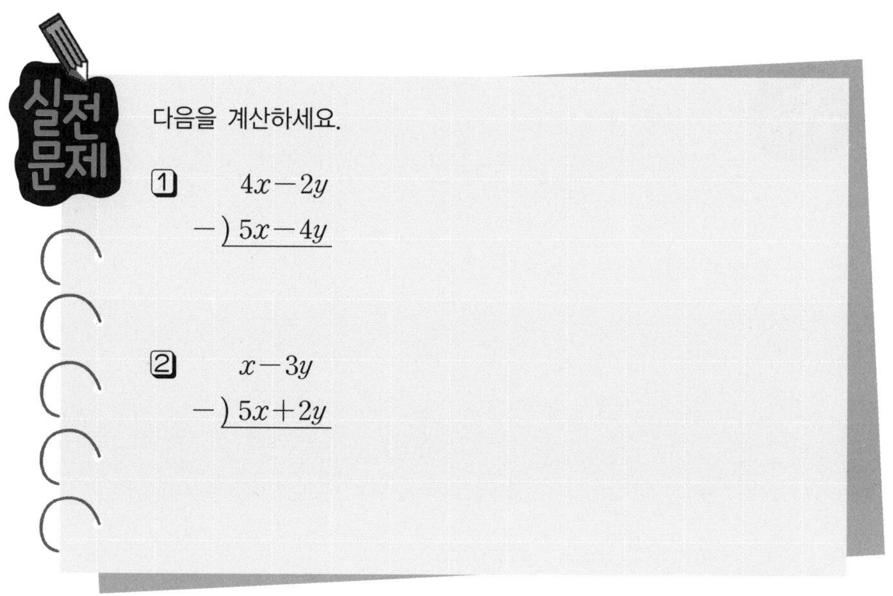

실전문제

다음을 계산하세요.

① $\begin{array}{r} 4x-2y \\ -)\ 5x-4y \\ \hline \end{array}$

② $\begin{array}{r} x-3y \\ -)\ 5x+2y \\ \hline \end{array}$

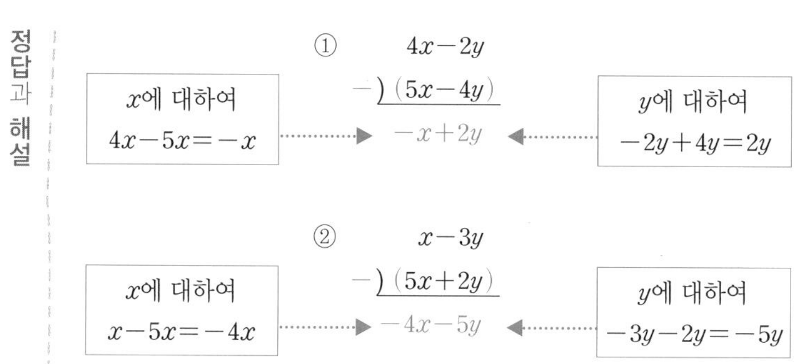

정답과 해설

① $\begin{array}{r} 4x-2y \\ -)\ (5x-4y) \\ \hline -x+2y \end{array}$

x에 대하여 $4x-5x=-x$

y에 대하여 $-2y+4y=2y$

② $\begin{array}{r} x-3y \\ -)\ (5x+2y) \\ \hline -4x-5y \end{array}$

x에 대하여 $x-5x=-4x$

y에 대하여 $-3y-2y=-5y$

$$x+2y=-6 \quad \cdots ①$$
$$-2x-2y=22 \quad \cdots ②$$

와 **같은 유형**

02

x 또는 y를 지워

지울 수 있는 건 지워서 **계산하기 쉽게** 만드는 거야

예 다음 방정식을 풀어 보세요.

$$x+y=-6 \quad \cdots ①$$
$$-x+4y=36 \quad \cdots ②$$

①+②

$$\begin{array}{rl} x+y=-6 & \cdots ① \\ +)\ (-x+4y)=36 & \cdots ② \\ \hline 5y=30 & \end{array}$$

x항을 지웠어

$$y=30\times\frac{1}{5}$$

$y=6$ 　이것을 ①에 대입하면 되겠지.

$$x+6=-6$$

6 → $x+y=-6 \quad \cdots ①$

$$x=-6-6$$
$$x=-12$$

정답 $x=-12,\ y=6$

이 스타일의 포인트는 지울 수 있는 것이 x항인지 y항인지 확인하는 부분이야. 각각의 항을 더하거나 빼서 계산한 결과가 0이 되는 항은 지울 수 있어.

$2x$와 $2x$, $2x$와 $-2x$, $3y$와 $3y$, $3y$와 $-3y$… 등이지.

$2x$와 $3x$, $2x$와 $-4x$, $3y$와 $-4y$, $5y$와 $6y$… 등은

더해도 빼도 지울 수 없어.

예를 들어 아래의 **예1** 에서는 x항은 지울 수 없어. 따라서 y항을 지워야겠지. **예2** 에서는 y항은 지울 수 없어. 따라서 x항을 지워야겠지?

예1 $x+y=-6$ … ①

$-2x-y=36$ … ②

예2 $2x+3y=-6$ … ①

$-2x-2y=36$ … ②

x항 또는 y항을 지우면 나머지는 간단해.
풀이는 아래와 같아.

x항을 지운다 → y를 구한다 → 대입하여 x를 구한다.
y항을 지운다 → x를 구한다 → 대입하여 y를 구한다.

다음 방정식을 풀어 보세요.

$$x-2y=3 \quad \cdots ①$$
$$2x-2y=-5 \quad \cdots ②$$

정답과 해설

$x-2y=3 \quad \cdots ①$

$2x-2y=-5 \quad \cdots ②$

①−②

$$\begin{array}{rl} x-2y=3 & \cdots ① \\ -\;)\;(2x-2y)=-5 & \cdots ② \\ \hline -x \qquad =8 & \end{array}$$

양변에 -1을 곱해.

$x=8\times(-1)$

$x=-8$ 이것을 ①에 대입하면 되겠지.

$-8-2y=3$ ◀ -8 → $x-2y=3 \quad \cdots ①$

$-2y=3+8$

$y=-\dfrac{11}{2}$

정답 $x=-8,\ y=-\dfrac{11}{2}$

$-3x+4y=12$ … ①
$2x+3y=5$ … ②
와 **같은 유형**

03

계수는 문자 앞에 있는 숫자를 의미해. -3, 2가 x의 계수인 거지. 그럼 4, 3은 y의 계수라는 걸 알겠지?

먼저 x 또는 y의 계수를 맞추자

예 다음 방정식을 풀어 보세요.

$$-4x+2y=-8 \quad \cdots ①$$
$$2x+3y=12 \quad \cdots ②$$

여기서는 y의 계수를 맞추자. 물론 x의 계수를 맞춰도 상관은 없어. 네가 편한 대로 하면 돼. 여기선 일단 y에 맞춰서 풀어 보자.

$2y$와 $3y$이므로 2와 3의 공배수인 $6y$로 맞춰 보자.

①의 양변에 3을 곱하고

$$-4x \quad + \quad 2y \quad = \quad -8 \quad \cdots ①$$

×3 ↓ ↓ ×3 ↓ ×3

$$-12x \quad + \quad 6y \quad = \quad -24 \quad \cdots ①\times3$$

②의 양변에 2를 곱해.

$$2x + 3y = 12 \quad \cdots ②$$

×2 ×2 ×2

$$4x + 6y = 24 \quad \cdots ② \times 2$$

①×3−②×2로 계산하면 y가 없어지겠지?

$$\begin{array}{rl} -12x+6y = -24 & \cdots ①\times 3 \\ -)\ (4x+6y) = \ \ 24 & \cdots ②\times 2 \\ \hline -16x = -48 & \end{array}$$

양변에 $-\frac{1}{16}$을 곱해.

$$x = -48 \times \left(-\frac{1}{16}\right)$$

$x=3$ 이것을 ①에 대입.

$$-4\times(3)+2y=-8$$

3

$$-4x+2y=-8 \quad \cdots ①$$

$$-12+2y=-8$$

$$2y=-8+12$$

$$2y=4$$

$$y=4\times\left(\frac{1}{2}\right)$$

$$y=2$$

정답 $x=3,\ y=2$

다음 방정식을 빈칸을 채워서 풀어 보세요.

$10x+6y=26$ ⋯ ①

$5x-8y=2$ ⋯ ②

②×2 (ⓐ)=(ⓑ)

①−②×2

$$\begin{array}{rl} 10x + 6y = 26 & \cdots ① \\ -\big)\ (\quad ⓒ \quad)=(\ ⓓ\ ) & \cdots ②\times 2 \\ \hline (\quad ⓔ \quad)=(\quad ⓕ \quad) & \end{array}$$

$y=($ ⓖ $)\times($ ⓗ $)$ $y=($ ⓘ $)$ 이것을 ②에 대입.

$5x-8\times($ ⓙ $)=2$

$5x=2+($ ⓚ $)=($ ⓛ $)$

$x=($ ⓜ $)\times($ ⓝ $)$

$x=($ ⓞ $)$

$x=($ ⓟ $)$, $y=($ ⓠ $)$

정답 ⓐ $10x-16y$ ⓑ 4 ⓒ $10x-16y$ ⓓ 4 ⓔ $22y$ ⓕ 22 ⓖ 22 ⓗ $\frac{1}{22}$ ⓘ 1 ⓙ 1 ⓚ 8 ⓛ 10 ⓜ 10 ⓝ $\frac{1}{5}$ ⓞ 2 ⓟ 2 ⓠ 1

$$\frac{x}{3}+\frac{y}{2}=\frac{1}{5} \cdots ①$$

$$\frac{x}{8}+\frac{y}{4}=\frac{1}{6} \cdots ②$$

와 **같은 유형**

04

먼저 정수로 **만들어!** 소수든 분수든 **일단 정수**로 맞추는 게 **풀기 편한 법**이야

예 다음 방정식을 풀어 보세요.

$$\frac{x}{3}+\frac{y}{2}=\frac{11}{6} \quad \cdots ①$$

$$\frac{x}{8}+\frac{y}{4}=\frac{7}{8} \quad \cdots ②$$

분수를 우선 정수로 만들어야겠지?

①의 양변에 6을 곱해 보자. 왜 6인지는 알겠지?

$$\frac{x}{3} \quad + \quad \frac{y}{2} \quad = \quad \frac{11}{6}$$

$$\downarrow \times 6 \qquad \downarrow \times 6 \qquad \downarrow \times 6$$

$$2x \quad + \quad 3y \quad = \quad 11 \quad \cdots ①'$$

②의 양변에 8을 곱해.

$$\frac{x}{8} + \frac{y}{4} = \frac{7}{8}$$

$\times 8$ ↓ $\times 8$ ↓ $\times 8$ ↓

$$x + 2y = 7 \cdots ②'$$

그러면 ①′와 ②′는 앞의 **03**챕터의 유형이 되겠지. 여기서는 x항의 계수를 맞추어 지워 보자

①′$-$②′$\times 2$

$$\begin{array}{rll} & 2x+3y = 11 & \cdots ①' \\ -) & (2x+4y) = 14 & \cdots ②' \times 2 \\ \hline & -y = -3 & \end{array}$$

$x + 2y = 7 \cdots ②'$

$\times 2$ ↓ $\times 2$ ↓ $\times 2$ ↓

$2x + 4y = 14 \cdots ②' \times 2$

$$y = -3 \times (-1)$$

$$y = 3$$

이것을 ①′ $2x+3y=11$에 대입하면 풀리겠지?

$$2x + 3 \times (3) = 11$$

$$2x = 11 - 9$$

$$2x = 2$$

$$x = 2 \times \frac{1}{2}$$

$$x = 1$$

정답 $x=1,\ y=3$

다음 방정식을 빈칸을 채워서 풀어 보세요.

$9x+\ 3y=3$ ··· ①

$x+\frac{1}{4}y=\frac{1}{2}$ ··· ②

②×4

(ⓐ)=(ⓑ) ··· ③

③×3−①

(ⓒ)=(ⓓ) ··· ③×3

−) $(9x\ +\ 3y)=3$ ··· ①

(ⓔ) =(ⓕ)

$x=$(ⓖ)×(ⓗ)

$x=$(ⓘ)

이것을 ③에 대입.

$4\times$(ⓙ)$+y=2$

$y=2-$(ⓚ)

$y=$(ⓛ)

$x=$(ⓜ), $y=$(ⓝ)

정답 ⓐ $4x+y$ ⓑ 2 ⓒ $12x+3y$ ⓓ 6 ⓔ $3x$ ⓕ 3 ⓖ 3 ⓗ $\frac{1}{3}$ ⓘ 1 ⓙ 1 ⓚ 4 ⓛ −2 ⓜ 1 ⓝ −2

대입법으로 연립방정식 풀기

05

연립방정식을 풀기 위해선 미지수 x, y 중 한쪽으로 식이 성립하도록 모으는 것이 중요해. 그러고 나서 그렇게 얻은 식을 다른 식에 대입하면 구하는 미지수가 하나가 되니까 풀 수 있겠지?

y를 x의 식, x를 y의 식으로 바꾸도록!

아래의 예처럼 생각하면 쉬울 거야.

예 다음 연립방정식을 풀려면

$y=x+3$ ⋯ ①

$y=-2x+5$ ⋯ ②

①을 ②에 대입해.

$y=x+3$ ⋯ ①

$y=-2x+5$ ⋯ ②

위로부터 $x+3=-2x+5$

예 다음 연립방정식을 풀려면

$x=2y+4 \quad \cdots ①$

$y=3x-4 \quad \cdots ②$

①을 ②에 대입해.

$x=2y+4 \quad \cdots ①$

$y=3x-4 \quad \cdots ②$

위로부터 $y=3(2y+4)-4$

$y=x$의 식 혹은 $x=y$의 식인 경우 이와 같이 x만의 식 혹은 y만의 식이 되도록 바꾸면 쉽게 풀 수 있지.

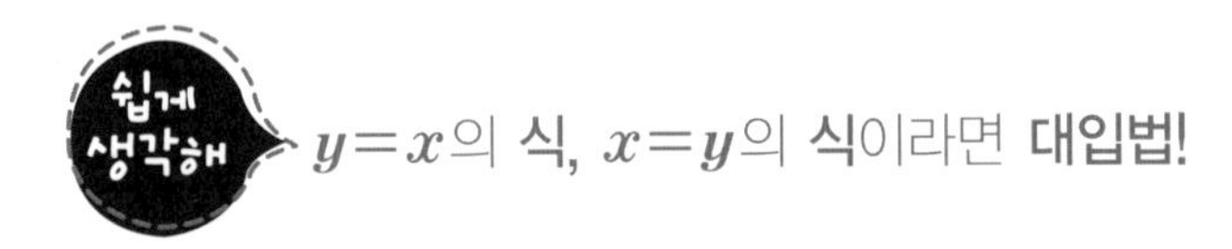

예 다음 연립방정식을 풀어 보세요.

$y=x+3 \quad \cdots ①$

$4x+3y=23 \quad \cdots ②$

$y=x$식이므로 대입법으로 연립방정식을 풀면 되겠지

①을 ②에 대입해.

$4x+3(x+3)=23$

$4x+3x+9=23$

$4x+3x \quad =23-9$

$7x=14$ 양변에 $\frac{1}{7}$을 곱해.

$x=14\times\frac{1}{7}$

$x=2$

이것을 ①에 대입하면 간단해.

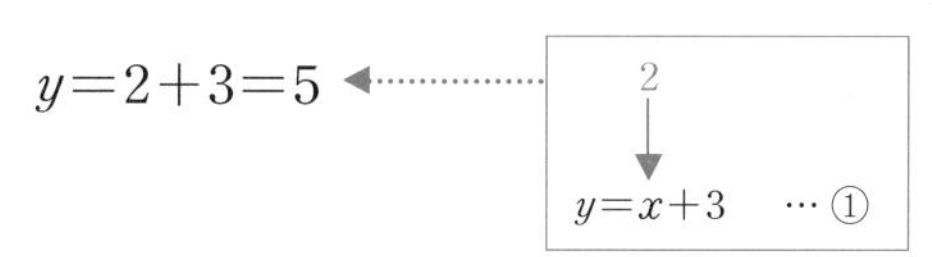

정답 $x=2,\ y=5$

다음 연립방정식을 풀어 보세요.

1 $y=-2x-1$ ··· ①

$x+4y=17$ ··· ②

$x=(\qquad),\ y=(\qquad)$

2 $x=3y-2$ ··· ①

$2x-4y=-14$ ··· ②

$x=(\qquad),\ y=(\qquad)$

1 $y=-2x-1 \quad \cdots ①$

$x+4y=17 \quad \cdots ②$

①을 ②에 대입해.

$$x+4(-2x-1)=17$$
$$x-8x-4=17$$
$$x-8x=17+4$$
$$-7x=21$$

양변에 $-\frac{1}{7}$을 곱해.

$$x=21\times\left(-\frac{1}{7}\right)$$
$$x=-3$$

이것을 ①에 대입하면 간단해.

-3

$y=-2x-1 \quad \cdots ①$

$$y=-2\times(-3)-1=6-1=5$$

정답 $x=-3,\ y=5$

2 $x=3y-2 \quad \cdots ①$

$2x-4y=-14 \quad \cdots ②$

①을 ②에 대입해.

$$2(3y-2)-4y=-14$$
$$6y-4-4y=-14$$
$$6y-4y=-14+4$$
$$2y=-10$$

양변에 $\frac{1}{2}$을 곱해.

$$y=-10\times\frac{1}{2}$$
$$y=-5$$

이것을 ①에 대입해.

-5

$y=3y-2 \quad \cdots ①$

$$x=3\times(-5)-2=-15-2=-17$$

정답 $x=-17,\ y=-5$

chapter 5

문장제 풀기

문장제는 문제문 기입방식과 그림 기입방식으로 방정식을 세우면 쉽게 풀 수 있어. 문제문 기입방식이라는 것은 한마디로, x(혹은 x와 y)를 이용해 부분적으로 알게 된 것을 메모처럼 기입해 가는 것을 말해.

수의 문제는 문제문 기입방식으로

01

이제 문장제를 풀어 보자. 수식이 아닌 문장으로 나오면 헤매는 친구들이 많은데 문장제는 차근차근 보면 전혀 어렵지 않아. 나온 문장을 식으로 옮기는 과정만 알고 있으면 돼. 이번에 가르쳐 줄 문제문 기입방식을 써 봐. 너무 쉬워서 깜짝 놀랄걸?

문제문 기입방식으로 **풀어야** 해
그러니까 **문제문**을 **그대로 식**으로 **옮기는 것**을 말해

중학수학의 문장제는 앞으로 후반부에서 소개할 '그림 기입방식'과 지금부터 소개할 '문제문 기입방식'으로 방정식을 세워서 쉽게 풀 수 있어.

그럼 지금부터 문제문 기입방식으로 수의 문제 문장제에 도전해 보도록 하자.

예 어떤 수에서 4를 더하고 3배를 하려다가 실수로 4배를 하고 3을 더하는 바람에, 계산 결과가 원래 값에서 4가 적게 나왔습니다. 어떤 수는 얼마인지 구하세요.

여기서 먼저 구하는 값, 즉 어떤 수를 x라고 놓고 다음과 같이 기입하자.

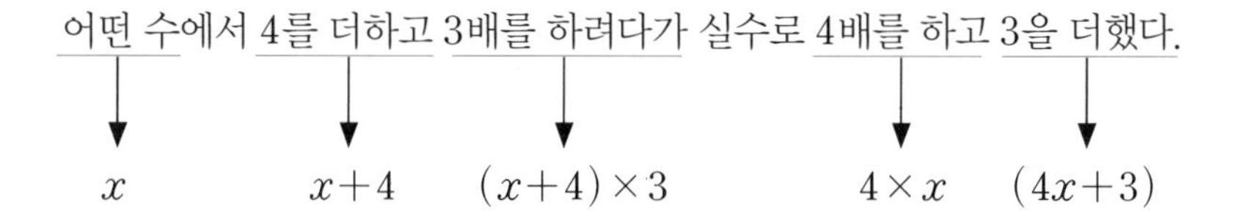

이 때문에 계산 결과가 4가 적었다. 어떤 수는 얼마일까?

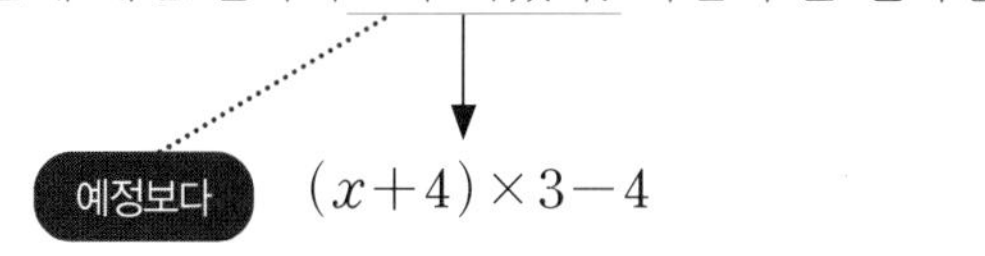

다음은 기입한 식을 보고 잠시 생각한 후, 방정식을 세워 보자.

$$4x+3=3(x+4)-4$$

문제문 기입방식은 이렇게 하면 돼.

문제문 기입방식이라는 것은 한마디로, x(혹은 x와 y)를 이용해 부분적으로 알게 된 것을 메모처럼 기입해 가는 것을 말해.

이 기입을 끝낸 단계에서 문장으로 주어진 문제(= 정보)는 수식으로 정리되겠지. 대부분의 경우 여기까지 오면 70%는 푼 거나 다름없어. 나머지 30%만 생각하여 최종적으로 식을 세우면 OK. 이것이 문제문 기입방식이야.

이 메모를 하는 단계(= 정보를 수식으로 정리하는 단계)를 생략하고 단숨에 방정식을 세우려고 하기 때문에 수학의 문장제를 어렵게 느끼거나 실수를 하는 것이지.

어떤 수에서 7을 빼고 5배를 하려다가 실수로 5를 빼고 7배를 하는 바람에 계산 결과가 원래 값에서 20이 크게 나왔습니다. 어떤 수를 구하세요.

먼저 구하는 값, 어떤 수를 x로 놓고 다음과 같이 기입하자.

어떤 수에서 7을 빼고 5배를 하려다가 실수로 5를 빼고

(　　) (　　　) (　　　) (　　　)

7배를 했기 때문에, 계산 결과가 20이 크게 나왔습니다.

예정보다

(　　　) (　　　)

이어 적은 것을 보고, 잠시 생각하여 방정식을 세워 보자.

(　　　　　　　)

아래에 이 방정식을 풀면 돼.

정답 (　　)

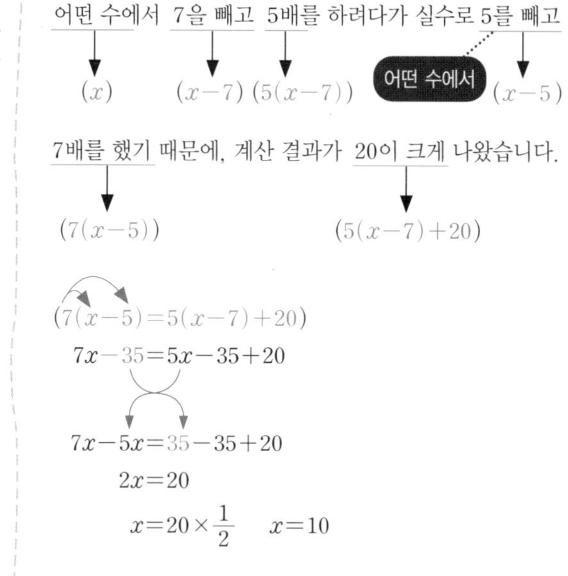

정답 10

연속되는 3개의 정수를 표현하는 방법

연속되는 3개의 정수라는 것은 (11, 12, 13)

(100, 101, 102)…와 같은 3개의 정수를 말해.

연속되는 3개의 정수는 예를 들면

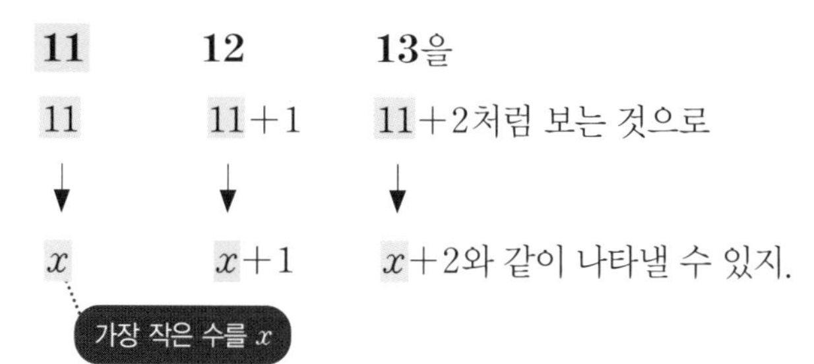

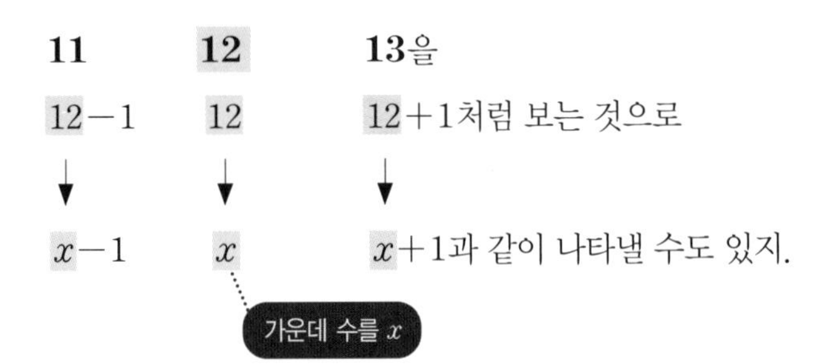

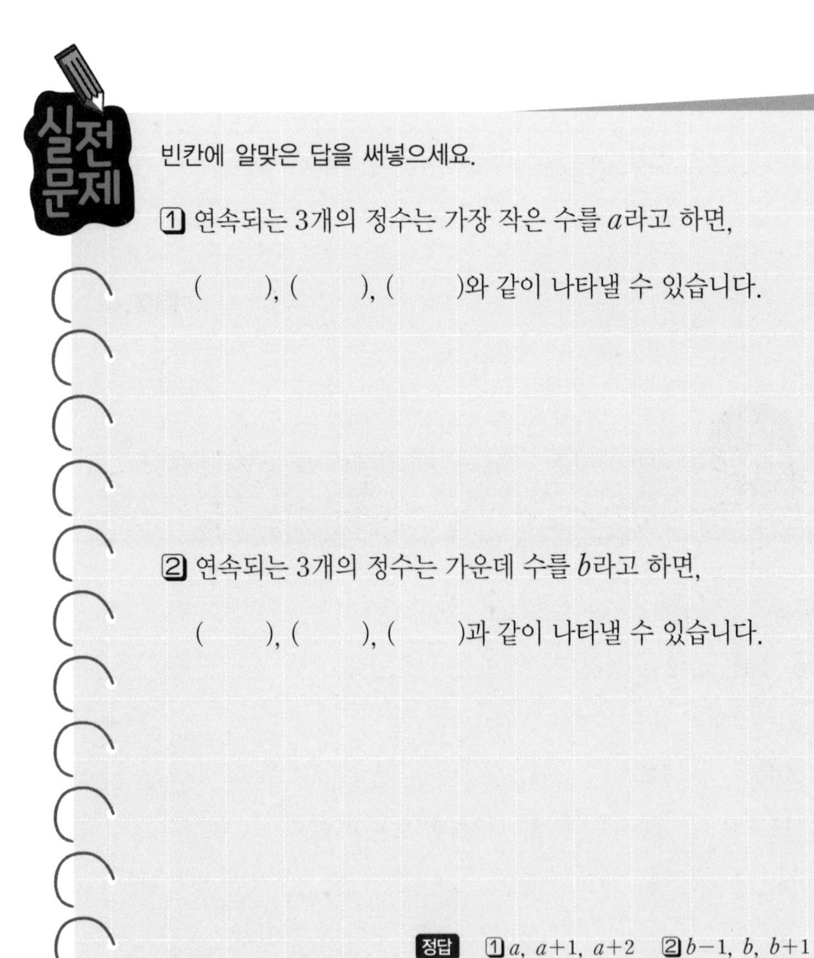

실전문제

빈칸에 알맞은 답을 써넣으세요.

① 연속되는 3개의 정수는 가장 작은 수를 a라고 하면,

(　　), (　　), (　　)와 같이 나타낼 수 있습니다.

② 연속되는 3개의 정수는 가운데 수를 b라고 하면,

(　　), (　　), (　　)과 같이 나타낼 수 있습니다.

정답 ① a, $a+1$, $a+2$ ② $b-1$, b, $b+1$

3개의 연속되는 정수의 합이 102입니다. 이 3개의 정수를 구하세요.

먼저 구하는 값, 3개의 연속되는 정수 중 최소의 정수를 x로 놓고 다음과 같이 기입해 보자.

3개의 연속되는 정수 의 합이 102입니다.

( ) ( )

다음으로 적어 놓은 것을 보고 잠시 생각한 후, 방정식을 세우자.

( )

아래에 이 방정식을 풀어 보세요.

정답 $x=($ $)$, $x+1=($ $)$, $x+2=($ $)$

정답과 해설

3개의 연속되는 정수 의 합이 102입니다.

$(x,\ x+1,\ x+2)$ $(x+x+1+x+2)$

$(x+x+1+x+2=102)$

$$3x=102-3$$

$$3x=99$$

$$x=99\times\frac{1}{3}$$

정답 $x=(33)$, $x+1=(34)$, $x+2=(35)$

십의 자리 수 x, 일의 자리 수 y → 두 자릿수의 자연수 $10x+y$

예를 들어 십의 자리 수가 7이고, 일의 자리 수가 8인

두 자릿수의 자연수 (78)은 $7\times\boxed{10}+8$

십의 자리 수와 일의 자리 수의 합은 $7+8$

십의 자리 수와 일의 자리 수를 바꾸어 생기는 수 87은

$$8\times\boxed{10}+7$$

십의 자리 수가 x이고 일의 자리 수가 y인 두 자릿수의 자연수는

$$x\times\boxed{10}+y=10x+y$$

즉 $10x+y$로 표시할 수 있고

십의 자리 수와 일의 자리 수의 합은 $x+y$로,

십의 자리 수와 일의 자리 수를 바꾸어 생기는 수는

$$y\times\boxed{10}+x=10y+x$$

즉 $10y+x$로 표시할 수 있다.

두 자릿수의 자연수가 있습니다. 십의 자리 수와 일의 자리 수의 합은 10이고, 십의 자리 수와 일의 자리 수를 바꾸어 생기는 수는 원래 수보다 36이 작습니다. 이때 원래의 자연수를 구하세요.

먼저 구하는 값, 원래의 자연수인 십의 자리 수를 x,
일의 자리 수를 y로 놓고, 다음과 같이 기입해 가도록 하자.

두 자릿수의 자연수가 있다.

( )

십의 자리 수와 일의 자리 수의 합은 10

( )

십의 자리 수와 일의 자리 수를 바꾼 수는 원래의 수보다 36이 작다.

( ) ( )

( )

다음으로 적은 것을 보고 잠시 생각한 후, 방정식을 세워.

( )

이제 방정식을 풀어 봐.

정답 ( )

두 자리 수의 자연수가 있다. 십의 자리 수와 일의 자리 수의 합은 10

↓ $(10x+y)$ ↓ $(x+y)$

십의 자리 수와 일의 자리 수를 바꾼 수는 원래의 수보다 36이 작다.

↓ $(10y+x)$ ↓ $(10x+y)$ ↓ $(10x+y-36)$

$(\quad x+y=10 \quad)$ ⋯ ①

$(10y+x=10x+y-36)$ ⋯ ②

②로부터 $10y+x-10x-y=-36$

$-9x+9y=-36$ ⋯ ③

①×9+③ $9x+9y=90$ ⋯ ①×9

$+)\ -9x+9y=-36$ ⋯ ③

$18y=54$

$y=54\times\frac{1}{18}$

$y=3$

①에 대입.

$x+3=10$

$x=7$

$7\times10+3=73$

> $x+y=10$ ⋯ ①
> ↓×9 ↓×9 ↓×9
> $9x+9y=90$

> 3
> ↓
> $x+y=10$ ⋯ ①

정답 73

값과 **개수**를 묻는 **문제는** 차근차근 **식으로**

02

문장제를 풀다 보면 값과 개수를 묻는 문제가 나와. 이럴 때 어떻게 하면 될까? 그래, 앞에서 배운 문제문 기입방식을 쓰면 돼. 문장에 나와 있는 요소들을 차근차근 식으로 옮기면 풀 수 있는 방정식으로 만들어 질 거야.

값과 **개수**를 **묻는 문제**는 **문제문 기입방식**으로 푼다

케이크 2개와 푸딩 5개에 10,300원. 케이크 3개와 푸딩 4개에 11,600원입니다. 케이크 1개와 푸딩 1개의 가격은 각각 얼마입니까?

먼저 구하는 값, 케이크 1개의 값을 x원, 푸딩 1개의 값을 y로 놓고 다음과 같이 적어.

케이크 2개와　푸딩 5개에　10,300원

↓　　　↓

(　　　)원　(　　　)원

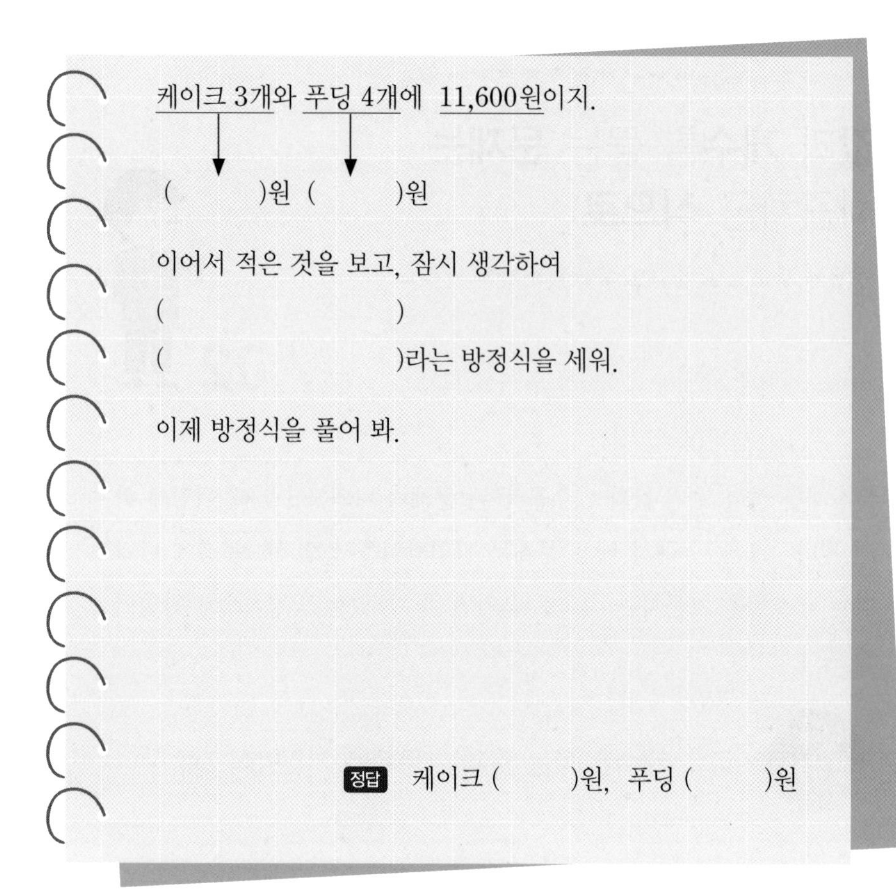

정답과 해설

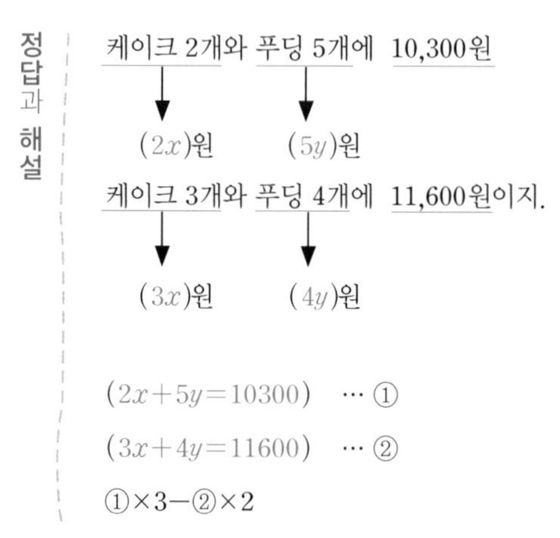

($2x+5y=10300$) … ①

($3x+4y=11600$) … ②

①×3−②×2

$$
\begin{array}{rll}
 & 6x+15y=30900 & \cdots ①\times 3 \\
-\big) & 6x+\ \ 8y=23200 & \cdots ②\times 2 \\
\hline
 & 7y=7700 & \\
 & y=7700\times\frac{1}{7} & \\
 & y=1100 & \text{이것을 ①에 대입.}
\end{array}
$$

$$2x+5\times(1100)=10300 \leftarrow \quad \boxed{y=1100 \;\downarrow\; 2x+5y=10300 \cdots ①}$$

$$2x=10300-5500=4800$$

$$x=2400$$

정답 케이크 2,400원, 푸딩 1,100원

50원짜리와 80원짜리 우표를 합쳐서 20장을 사고 1,240원을 지불하였습니다. 각각 몇 장씩 샀을까요?

먼저 구하는 값, 50원짜리 우표를 x장, 80원짜리 우표를 y장으로 놓고, 다음과 같이 적도록 해.

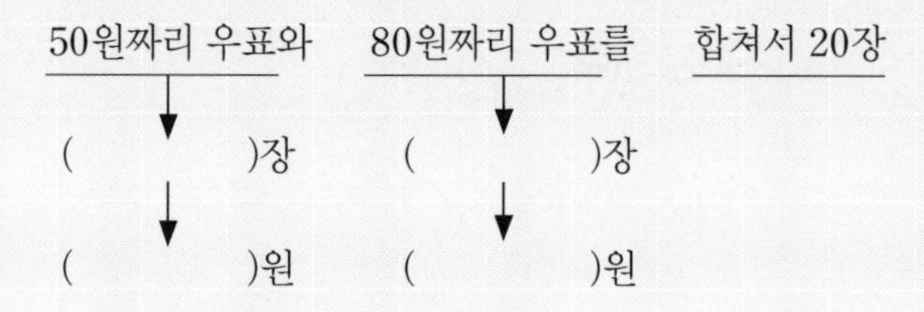

사고 1,240원을 지불했지.

이어서 적은 것을 보고, 잠시 생각하여

(　　　　　　　　)

(　　　　　　　　)라는 방정식을 세워.

이제 방정식을 풀면 돼.

정답 50원짜리 우표 (　　)장, 80원짜리 우표 (　　)장

50원짜리 우표와 → (x)장 → ($50x$)원

80원짜리 우표를 → (y)장 → ($80y$)원

합쳐서 20장

사고 1,240원을 지불했지.

($x+y=20$) ··· ①

($50x+80y=1240$) ··· ②

①×50−②

$$\begin{aligned} 50x+50y&=1000 \quad \cdots ①\times 50 \\ -)\ 50x+80y&=1240 \quad \cdots ② \\ \hline -30y&=-240 \\ y&=-240\times\left(-\frac{1}{30}\right) \\ y&=8 \end{aligned}$$

이것을 ①에 대입.

$$x+8=20$$

$$x=12$$

정답 50원짜리 우표 12장, 80원짜리 우표 8장

정가 500원으로 모자 40개를 팔기 시작했지만 팔리지 않아서, 도중부터 나머지를 400원으로 가격을 낮췄더니 전부 팔려 매상은 18,200원이었습니다. 500원으로 팔린 것은 몇 개일까요?

먼저 구하는 값, 500원으로 팔린 개수를 x(개)로 놓고 다음과 같이 적어 가면 되겠지?

정가 500원으로 모자 40개를 팔기 시작했다.

(　　　)개 → (　　　)원

나머지를 400원으로 가격을 내렸더니 전부 팔려서,

(　　　)개 → (　　　)원

매상은 18,200원이었지.

이어서 적은 것을 보고, 잠시 생각하고

(　　　　　　　　　)

라는 방정식을 세워. 이제 이 방정식을 풀면 돼.

정답 (　　　)개

정가 500원으로 모자 40개를 팔기 시작했다.

(x)개 → ($500x$)원

나머지를 400원으로 가격을 낮췄더니 전부 팔려서, 매상은 18,200원이었지.

($40-x$)개 → ($400(40-x)$)원

$$(500x+400(40-x)=18200)$$

$$(500x+16000-400x=18200$$

$$500x-400x=18200-16000$$

$$100x=2200$$

$$x=2200\times\frac{1}{100}$$

$$x=22$$

정답 22개

%를 묻는 문제는 100을 기준으로 놓자

03

%를 묻는 문제는 분수나 소수로 바꿔서 풀면 돼. 이렇게 바꿀 수 있는 것은 %가 100을 기준으로 나눈 단위이기 때문이야. 그래서 100원의 20%는 20원이 되는 거지. 이렇게 예를 외우고 있으면 헷갈리지 않을 거야.

100원의 20% → $100\times\frac{20}{100}=100\times0.2$

100원의 20% 증가 → $100\times\left(1+\frac{20}{100}\right)=100\times(1+0.2)$

100원의 20% 감소 → $100\times\left(1-\frac{20}{100}\right)=100\times(1-0.2)$

여기서 많은 친구들이 어려워하는 ~의 ~%, ~의 ~% 증가, ~의 ~% 감소를 묶어서 통째로 설명할게. 그럼 차례대로 보자.

지금까지 그래 왔듯이 차례대로 보면 하나도 안 어려운 게 수학이야.

~의 ~%

예 100원의 30%

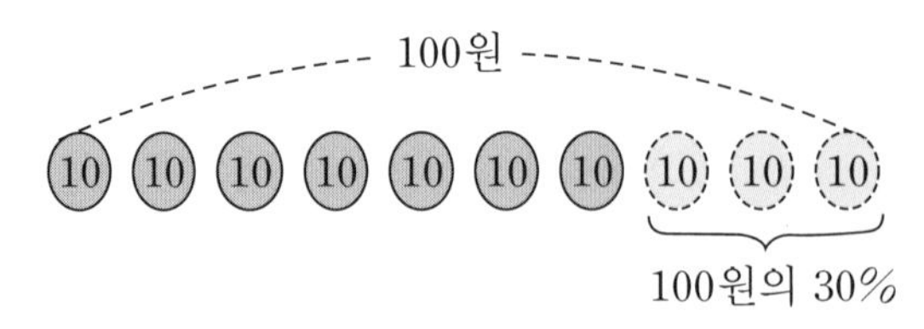

30%는 분수로는 $\frac{30}{100}$, 소수로는 0.3

100원의 30%는,

$100 \times \frac{30}{100} = 30$(원)　　$100 \times 0.3 = 30$(원)

빈칸에 알맞은 답을 써넣으세요.

1 200원의 25%는

$200 \times ($　　　$) = ($　　　$)$원 ← 분수로

$200 \times ($　　　$) = ($　　　$)$원 ← 소수로

2 x원의 40%는

$x \times ($　　　$) = ($　　　$) = ($　　　$)$원 ← 분수로

$x \times ($　　　$) = ($　　　$)$원 ← 소수로

정답 1 $\frac{25}{100}$, 50, 0.25, 50　2 $\frac{40}{100}$, $\frac{40}{100}x$, $\frac{2}{5}x$, 0.4, $0.4x$

~의 ~% 증가

예 100원의 10% 증가(100원이 10% 증가했다)

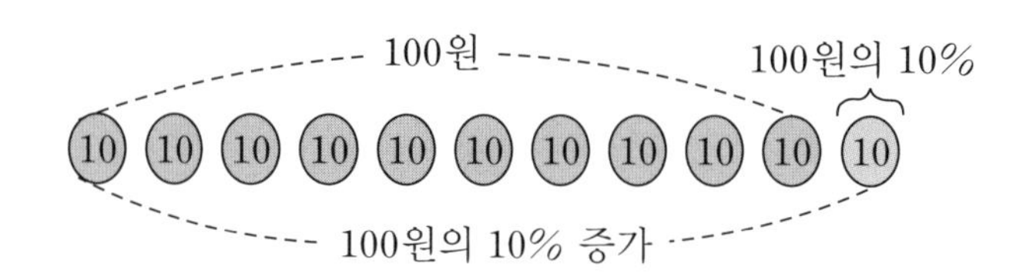

100원의 10% 증가는 100원에서 100원의 10%

$100 \times \frac{10}{100} = 10$ $100 \times 0.1 = 10$을 더해.

아래와 같이 계산하면 돼. 참 쉽지?

$100 + 100 \times \frac{10}{100} = 100 + 100 \times 0.1 = 110$(원)

이 계산은 다음과 같이 정리할 수 있을 거야.

$100 \times (1 + \frac{10}{100}) = 100 \times (1 + 0.1) = 110$(원)

이 식을 자주 이용하니깐 기억해 두면 좋은 일이 있을지도?

빈칸에 알맞은 답을 써넣으세요.

1 500원의 20% 증가는

$500 \times (1 +$ 　　$) = ($ 　　$)$원 ← 분수로

$500 \times (1 +$ 　　$) = ($ 　　$)$원 ← 소수로

② x원의 30% 증가는

$x\times(1+\quad)$원 ← 분수로

$x\times(1+\quad)=(\quad)x$원 ← 소수로

정답 ① $\frac{20}{100}$, 600, 0.2, 600 ② $\frac{30}{100}$, 0.3, 1.3

~의 ~% 감소

예 100원의 30% 감소(100원이 30% 감소했다)

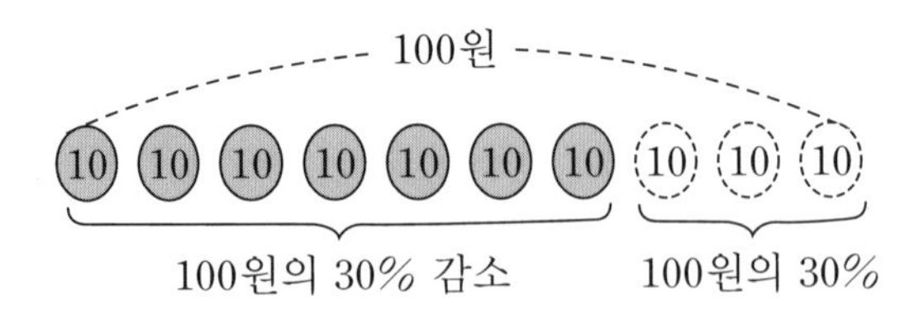

100원의 30% 감소는 100원에서 100원의 30%

$100\times\frac{30}{100}=30$ $100\times0.3=30$을 빼면 되겠지.

아래와 같이 계산하면 돼.

$$100-100\times\frac{30}{100}=100-100\times0.3=70(\text{원})$$

이 계산은 다음과 같이 정리할 수 있어.

$$100\times(1-\frac{30}{100})=100\times(1-0.3)=70(\text{원})$$

이 식을 자주 이용하니까 기억해 두면 좋아.

빈칸에 알맞은 답을 써넣으세요.

1 400원의 20% 감소는

$400\times(1-\quad)=(\quad)$원 ← 분수

$400\times(1-\quad)=(\quad)$원 ← 소수

2 x원의 40% 감소는

$x\times(1-\quad)$원 ← 분수

$x\times(1-\quad)=(\quad)x$원 ← 소수

정답 1 $\frac{20}{100}$, 320, 0.2, 320 2 $\frac{40}{100}$, 0.4, 0.6

문장을 **수식**으로 차분하게 **옮겨 문제문 기입방식**으로 **풀면** 의외로 **쉽게 풀리게 되어 있어**

한 상점 주인이 커피잔의 판매가를 30%의 이익금을 포함하여 1,950원으로 정해 팔고 있습니다. 그렇다면 주인이 팔고 있는 커피잔의 원가는 얼마일까요?

먼저 구하는 값, 커피잔의 구입가를 x(원)로 놓고, 다음과 같이 적어.

30% 늘려서

구입 가격의 30%의 이익을 계산에 넣어 1,950원

( ) ( )

다음으로 적은 것을 보고, 잠시 생각하여

( )라는 방정식을 세워.

이제 방정식을 풀면 돼.

정답 구입가 ( )원

구입 가격의 30%의 이익을 계산에 넣어 1,950원

(x) $(x\times(1+0.3))$

$((1+0.3)x=1950)$

$1.3x=1950$ 양쪽 변에 10을 곱해.

$10\times1.3x=1950\times10$

$13x=19500$

$x=19500\times\frac{1}{13}$

$x=1500$

정답 구입가 1,500원

옷가게에서 스웨터를 정가의 25% 할인된 7,800원에 구입하였습니다. 스웨터의 정가를 구하세요.

먼저 구하는 값, 스웨터의 정가를 x(원)로 놓고, 다음과 같이 적어.

정가에서 25% 할인하여 7,800원

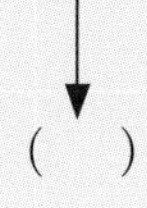

( ) ( )

이어서 적은 것을 보고, 잠시 생각하여
( )라는 방정식을 세워.
이제 방정식을 풀면 돼.

정답 정가 ( )원

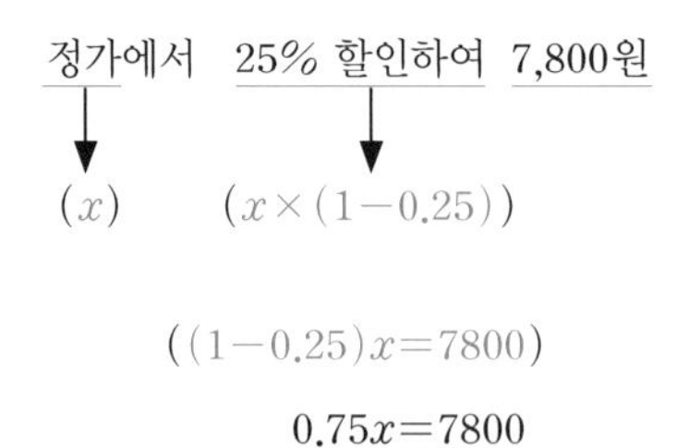

$$((1-0.25)x=7800)$$

$$0.75x=7800$$

양쪽 변에 100을 곱해.

$$100\times0.75x=7800\times100$$

$$75x=780000$$

$$x=780000\times\frac{1}{75}$$

$$x=10400$$

정답 정가 10,400원

어제는 삼각김밥과 콜라를 합쳐 300개를 팔았습니다. 오늘은 삼각김밥을 20% 많이, 콜라를 10% 적게 팔았습니다. 그 결과 전체적으로는 8% 많이 팔았습니다. 어제 팔린 삼각김밥과 콜라의 개수를 구하세요.

먼저 구하는 값, 어제 판 삼각김밥의 개수를 x(개), 콜라의 개수를 y(개)로 놓고, 다음과 같이 적어.

어제 삼각김밥과 콜라를 합쳐서 300개를 팔았습니다.

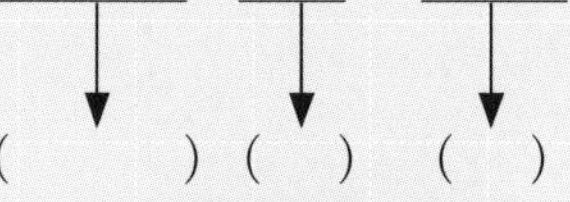

어제의 20% 증가 어제의 10% 감소

오늘은 삼각김밥을 20% 많이, 콜라를 10% 적게 팔았습니다.

( ) ( )

어제의 8% 증가

그 결과 전체적으로는 8% 많이 팔았습니다.

( )

이어서 적은 것을 보고 잠시 생각하여

( )

( )라는 방정식을 세워.

이제 이 방정식을 풀면 되겠지.

정답 삼각김밥 ( )개, 콜라 ( )개

어제 삼각김밥과 콜라를 합쳐서 300개를 팔았습니다.

(x) (y) ($x+y$)

어제의 20% 증가 어제의 10% 감소

오늘은 삼각김밥을 20% 많이, 콜라를 10% 적게 팔았습니다.

($x\times(1+0.2)$) ($y\times(1-0.1)$)

어제의 8% 증가

그 결과 전체적으로는 8% 많이 팔았습니다.

($300\times(1+0.08)$)

($x+y=300$) … ①

($1.2x+0.9y=300\times1.08$) … ②

②×10

$12x+9y=300\times10.8=3240$ … ②′

①×9−②′

$$
\begin{aligned}
&9x+9y=2700 \quad \cdots ①\times9\\
-)\ &12x+9y=3240 \quad \cdots ②'\\
\hline
&-3x=-540 \rightarrow x=-540\times\left(-\frac{1}{3}\right) \rightarrow x=180
\end{aligned}
$$

이것을 ①에 대입.

$180+y=300 \rightarrow y=300-180=120$

정답 삼각김밥 180개, 콜라 120개

컴퓨터 가게에서 5월에 노트북과 데스크톱을 합쳐서 240대 팔았습니다. 6월에는 노트북이 10% 증가하고, 데스크톱이 20% 감소한 결과, 노트북이 데스크톱보다 112대 많이 팔렸습니다. 5월에 팔린 노트북과 데스크톱의 대수를 구하세요.

먼저 구하는 값, 5월에 팔린 노트북의 대수를 x(대), 데스크톱의 대수를 y(대)로 놓고, 다음과 같이 적어.

5월에 노트북과 데스크톱을 합쳐서 240대 팔았습니다.

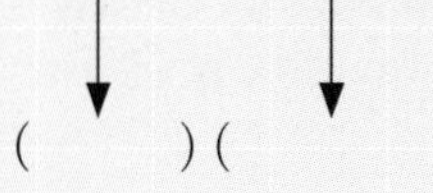

(　　　)(　　　　)

6월에는 노트북이 10% 증가하고 데스크톱이 20% 감소한

결과, 노트북을 데스크톱보다 112대 많이 팔았습니다.

(　　　) (　　　) (　　　　)

이어 적은 것을 보고, 잠시 생각하여

(　　　　　　　　　　)

(　　　　　　　　　　)이라는 방정식을 세워.

이제 방정식을 풀면 돼.

정답 노트북 (　　　)대, 데스크톱 (　　　)대

5월에 노트북과 데스크톱을 합쳐서 240대 팔았습니다.

(x) (y)

6월에는 노트북이 10% 증가하고 데스크톱이 20% 감소한 결과,

노트북을 데스크톱보다 112대 많이 팔았습니다.

$(x\times(1+0.1))$ $(y\times(1-0.2))$ $(y\times(1-0.2)+112)$

($x+y=240$) … ①

$(1.1x=0.8y+112)$ … ②

②×10

$11x=8y+1120 \rightarrow 11x-8y=1120$ … ②′

①×8+②′

$8x+8y=1920$ … ①×8

$+)\ 11x-8y=1120$ … ②′

$19x=3040 \rightarrow x=3040\times\frac{1}{19}$

$x=160$

이것을 ①에 대입.

$160+y=240$

$y=240-160=80$

정답 노트북 160대, 데스크톱 80대

이익을 묻는 문제는 판매가와 원가를 구하자

04

이익을 묻는 문장제는 일단 판매가와 원가부터 구해야 해. 네가 햄버거를 판다고 치자. 4,000원에 햄버거를 만드는 공장에서 햄버거를 아이들에게 5,000원에 판다면 1,000원이 남겠지? 그 남은 1,000원이 네 이익인 셈이야.

판매가 − 원가 = 이익에 해당해

예 1,000원으로 구매하여 20%의 이익을 계산에 넣어(=구입가의 20% 증가) 팔았습니다. 이때 번 돈(이익)은 얼마일까요?

판매가는 1,000원의 20% 증가이므로

$1000 \times (1 + \frac{20}{100})$

판매가 − 원가 = 이익에 해당할 거야.

$$1000 \times (1 + \frac{20}{100}) - 1000 = 200(\text{원})$$

예 1개에 500원에 구입한 상품을 1개 200원(구입가)짜리 상자에 넣어서 하나에 1,200원으로 5개를 팔았을 경우의 이익을 구하세요.

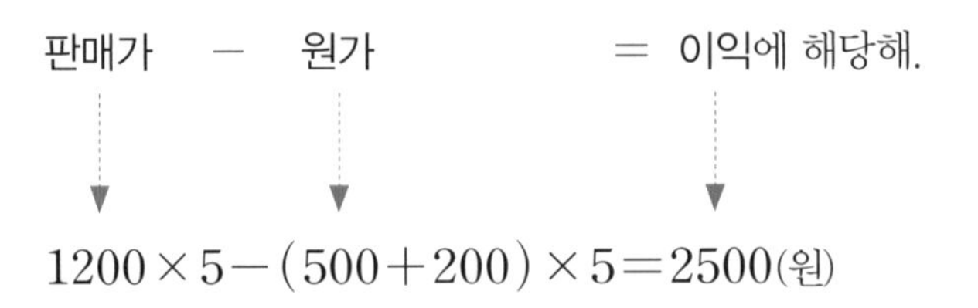

원가 = 상품의 구입가에 관한 문제가 대부분이지만, 본문처럼 상품(내용물)의 구입가에 용기 비용(구입가)과 포장비(구입가)가 가산되는 문제도 있으니 주의해서 풀어야 해.

2,000원에 구입하여 15%의 이익을 계산해 정가를 붙였지만, 팔리지 않아서 200원 싸게 팔았습니다. 이때 이익은 얼마일까요?

정　가=2000×(　ⓐ　)← 정가는 구입가의 15% 증가

판매가=2000×(　ⓑ　)−(　ⓒ　)

판매가 − 원가 = 이익에 해당해.

2000×(　ⓓ　)−(　ⓔ　)−(　ⓕ　)=(　ⓖ　)

(　ⓗ　)원

정답 ⓐ 1+0.15　ⓑ 1.15　ⓒ 200　ⓓ 1.15　ⓔ 200　ⓕ 2000　ⓖ 100　ⓗ 100

1,000원으로 구입하여 20%의 이익을 계산해 정가를 붙였는데, 팔리지 않아서 정가의 10%를 할인하여 팔았습니다. 이 경우 이익은 얼마일까요?

정　가=1000×(ⓐ)← 정가는 구입가의 20% 증가

판매가=1000×(ⓑ)×(ⓒ) ← 판매가는 정가의 10% 할인

판매가 － 원가 ＝ 이익에 해당해.

1000×(ⓓ)×(ⓔ)－(ⓕ)=(ⓖ)

(ⓗ)원

정답 ⓐ 1+0.2 ⓑ 1.2 ⓒ 1−0.1 ⓓ 1.2 ⓔ 1−0.1 ⓕ 1000 ⓖ 80 ⓗ 80

문제문 기입방식으로 풀면 돼. 문장을 **차근차근 방정식으로 바꾸면** 어렵지 않게 풀 수 있지

원가에 30%의 이익을 계산하여 정가를 붙였지만, 팔리지 않아서 정가에서 36원을 할인하여 팔자, 60원의 이익이 남았습니다. 이 상품의 원가는 얼마일까요?

먼저 구하는 값, 원가를 x(원)으로 놓고, 다음과 같이 적어 보자.

원가에 30%의 이익을 계산하여 정가를 붙였지만, 팔리지 않아서

(　　) (　　　　　　　　　　)

정가에서 36원을 할인하여 팔자 60원의 이익이 남았어.

(　　　　　　　　　　)

이어 적어 놓은 걸 보고, 잠시 생각하여

(　　　　　　　　　　　　　　　　　　　　)

라는 방정식을 세워.

이제 이 방정식을 풀면 돼.

정답 원가 (　　　　　)원

정답과 해설

원가에 30%의 이익을 계산하여 정가를 붙였지만, 팔리지 않아서

(x) ($x \times (1+0.3)$)

정가에서 36원을 할인하여 팔자 60원의 이익이 남았어.

($x \times (1+0.3)-36$)

판매가 − 원가 = 이익

($1.3x-36$ − x = 60) 양변에 10을 곱해.

$$13x-360-10x=600$$

$$13x-10x=600+360$$

$$3x=960$$

$$x=960\times\frac{1}{3}$$

$$x=320$$

정답 원가 320원

어떤 상품의 원가에 20%의 이익을 계산하여 정가를 붙였는데, 팔리지 않아서 정가에서 10%를 할인하여 팔자, 180원의 이익을 얻었다. 이 상품의 원가는 얼마일까요?

먼저 구하는 값, 원가를 x(원)으로 놓고, 다음과 같이 적어 보자.

원가에 20%의 이익을 계산하여 정가를 붙였는데, 팔리지 않아서

원가에서 20% 증가

(　　) (　　　　　　　　)

정가에서 10%를 할인하여 팔았더니 180원의 이익이 남았어.

(　　　　　　　　　　)

이어서 적은 것을 보고,

(   )

라는 방정식을 세워.

이제 이 방정식을 풀면 돼.

정답 원가 (   )원

정답과 해설

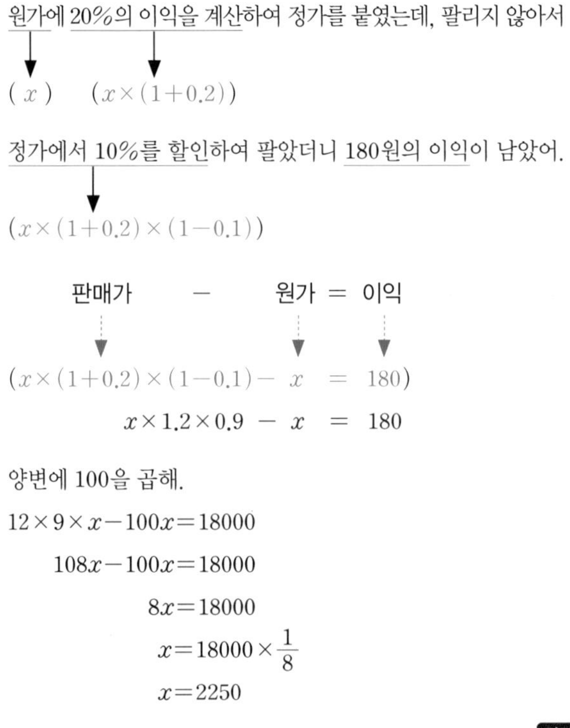

정답 원가 2,250원

A와 B, 두 개의 상품을 합쳐서 1,000원에 구입하였습니다. 그리고 A에는 20%의 이익, B에는 10%의 이익을 계산하여 정가를 붙였습니다. 이 가격으로 팔았을 때, 합쳐서 135원의 이익이 생겼습니다. A와 B의 원가를 구하세요.

먼저 구하는 값, A의 원가를 x(원), B의 원가를 y(원)로 놓고, 다음과 같이 적어 보자.

A와 B, 2개의 상품을 합쳐서 1,000원에 구입하고

( ) ( ) ( )

A에는 20%의 이익을 계산하여 정가를,

( )

B에는 10%의 이익을 계산하여 정가를 붙였어.

( )

이 가격으로 팔았을 경우 합쳐서 135원의 이익이 남았어.

이어 적은 것을 보고, 잠시 생각하여

( )

( )라는 방정식을 세워.

이제 이 방정식을 풀면 되는 거야.

정답 A의 원가 ( )원, B의 원가 ( )원

A와 B, 2개의 상품을 합쳐서 1,000원에 구입하였고

(x) (y) ($x+y$)

A에는 20%의 이익을 계산하여 정가를, B에는 10%의 이익을 계산하여

($x\times(1+0.2)$) ($y\times(1+0.1)$)

정가를 붙였어. 이 가격으로 팔았을 경우 합쳐서 135원의 이익이 남았어.

$(x+y=1000)$ ⋯ ①

판매가 － 원가 ＝ 이익

$(1.2x+1.1y-1000=135)$ ⋯ ②

②×10

$12x+11y-10000=1350$

$12x+11y=1350+10000$

$12x+11y=11350$ ⋯ ②′

①×11－②′

$$\begin{array}{rl} 11x+11y=11000 & \cdots \text{①}\times 11 \\ -)\ 12x+11y=11350 & \cdots \text{②}' \\ \hline -x \quad =-350 & \\ x=350 & \end{array}$$

①에 대입하여

$350+y=1000$

$y=1000-350=650$

정답 A의 원가 350원, B의 원가 650원

속력, 시간, 거리의 문제는 서로의 관계에 주의하자

05

속력, 시간, 거리를 묻는 문제는 정말 골치 아파 보여. 그 이유는 속력, 시간, 거리의 관계를 잘 모르기 때문이야. 속력, 시간, 거리 사이의 관계를 이번 기회에 확실히 숙지하고 넘어가면 문제를 푸는 데 자신감이 생길 거야. 간단하게 그림을 그려서 풀면 쉽게 이해할 수 있어.

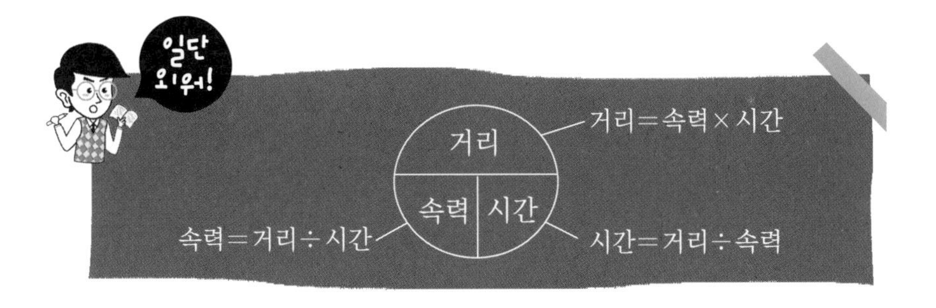

위 그림에 적용해 해결해.

예 40km의 거리를 시속 5km로 걸으니 8시간이 걸렸습니다.

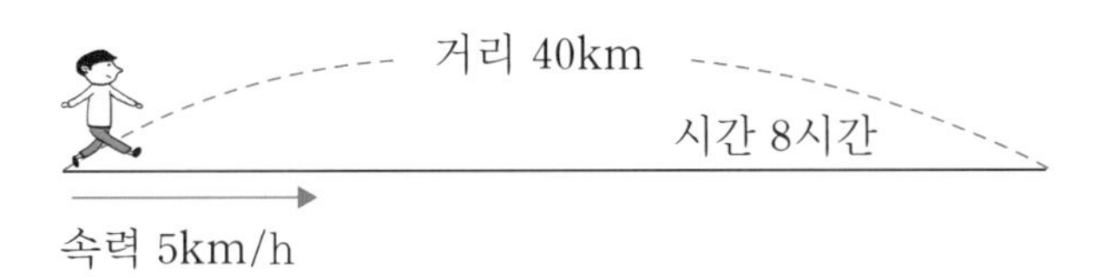

위 그림의 속력, 시간, 거리의 관계는 다음과 같아.

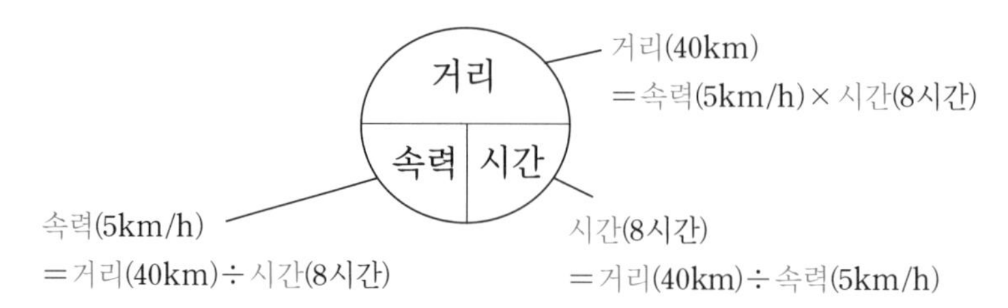

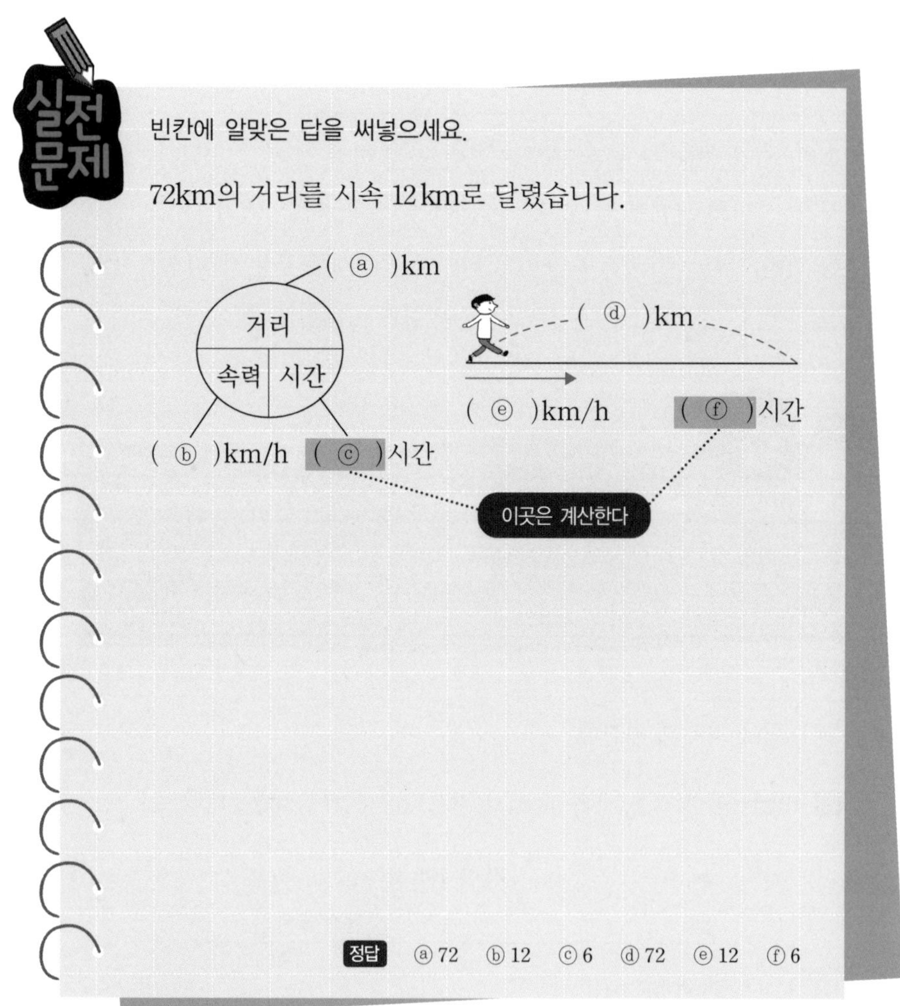

빈칸에 알맞은 답을 써넣으세요.

1 $x$km의 거리를 시속 6km로 달렸습니다.

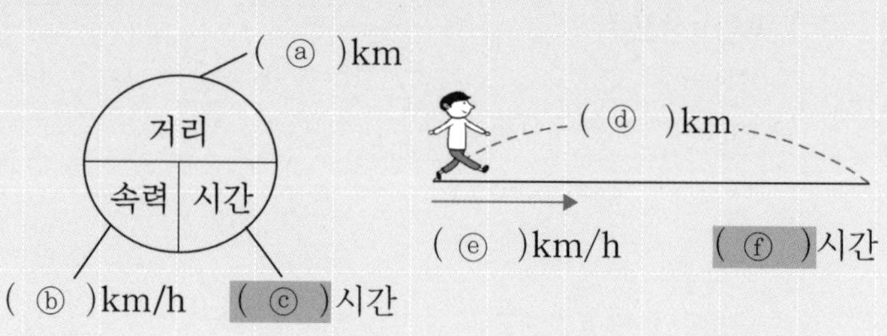

2 시속 5km로 6시간을 걸었습니다.

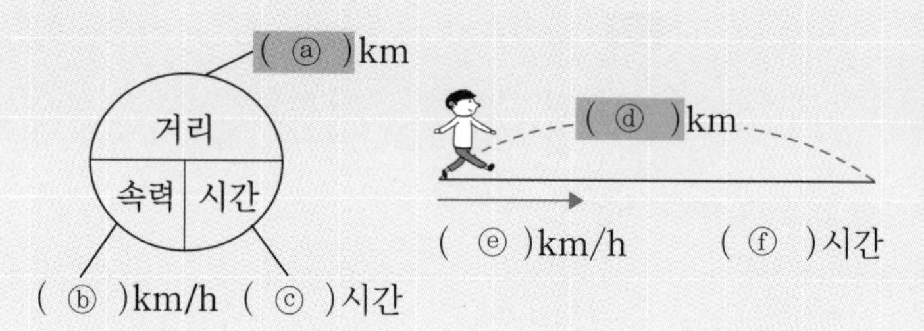

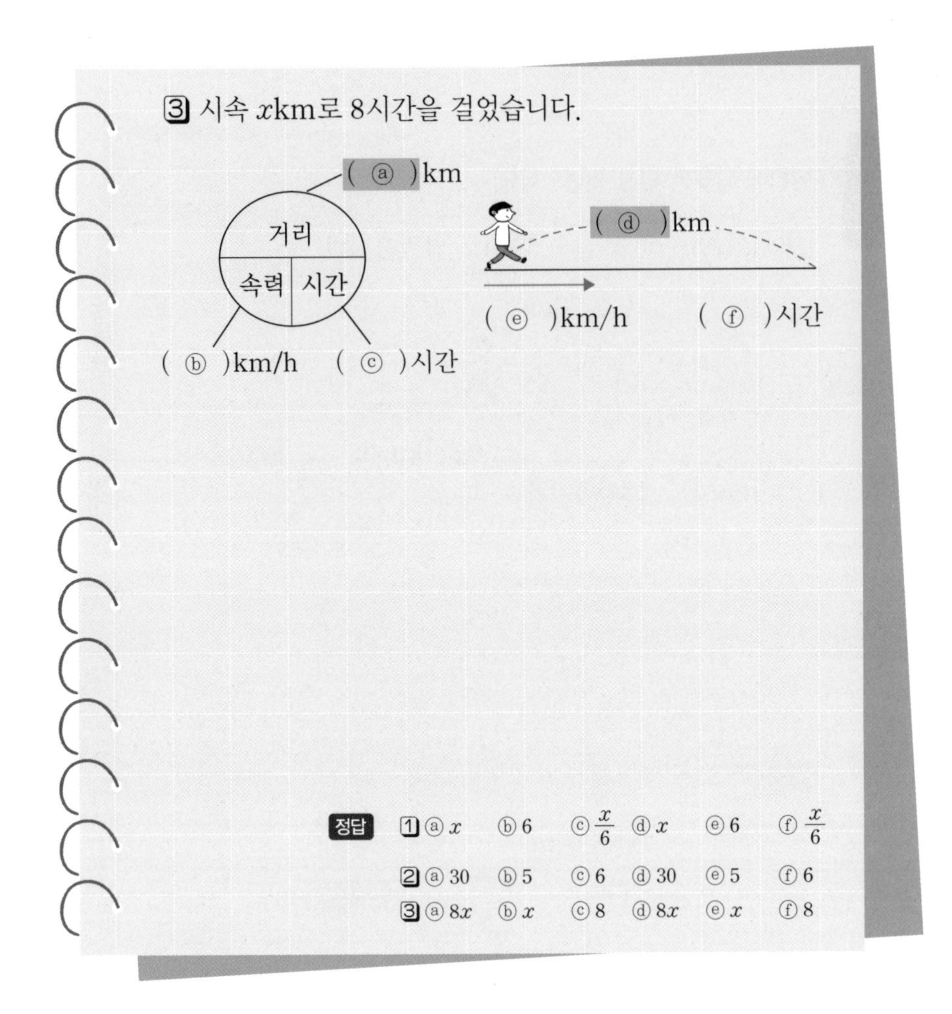

3 시속 $x$km로 8시간을 걸었습니다.

정답

1 ⓐ x ⓑ 6 ⓒ $\frac{x}{6}$ ⓓ x ⓔ 6 ⓕ $\frac{x}{6}$

2 ⓐ 30 ⓑ 5 ⓒ 6 ⓓ 30 ⓔ 5 ⓕ 6

3 ⓐ $8x$ ⓑ x ⓒ 8 ⓓ $8x$ ⓔ x ⓕ 8

속력, 시간, 거리를 묻는 문제는 이제까지 실전문제에서 연습했던 것처럼 이 중 2가지(예를 들어 속력과 시간)가 주어지면 나머지(거리)는 계산하여 풀 수 있으니 많이 풀어 봐.

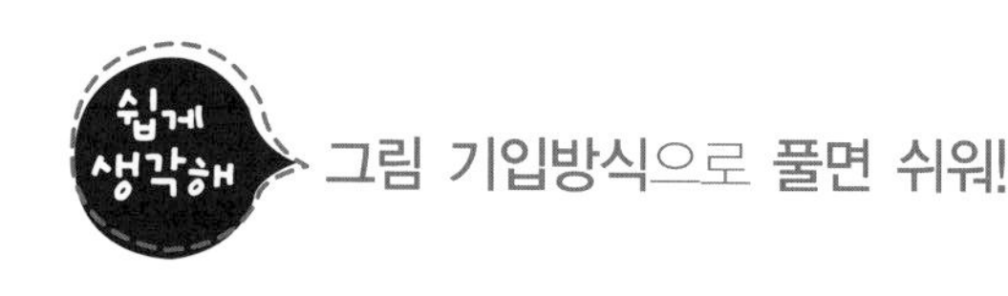

문장제는 지금까지 배웠던 문제문 기입방식과 이제부터 소개할 그림 기입방식으로 방정식을 세우면 쉽게 풀 수 있어. 너무 쉽게 풀려서 놀랄걸?

예 집과 역 사이를 달려서 왕복합니다. 갈 때는 시속 8km, 돌아올 때는 시속 12km로, 왕복 10시간이 걸렸습니다. 집과 역의 거리를 구하세요.

먼저 구하는 값, 집과 역의 거리를 x(km)로 놓고, 그림에 기입해.

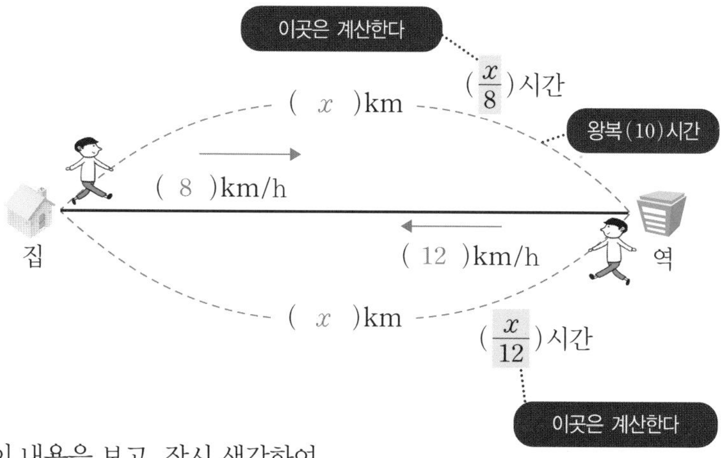

이 내용을 보고, 잠시 생각하여

$\frac{x}{8}+\frac{x}{12}=10$이라는 방정식을 세워.

앞 페이지의 예처럼, 먼저 구하는 값을 x로 놓고,

① 문제를 통해 알 수 있는 것을 먼저 적고,

② 이어서 그것을 통해 알 수 있는 것을 적어.
(앞 페이지의 부분이야.)

이어서 적어 둔 것을 보고, 잠시 생각하여 방정식을 세워.

이것이 구하는 값이 1개인 경우의 그림 기입방식이야.

구하는 값이 2개인 경우에는,

먼저 구하는 값을 x와 y로 놓고, 같은 방법을 쓰면 OK.

다음 페이지부터 연습을 통해 그림 기입방식에 익숙해지도록 하자.

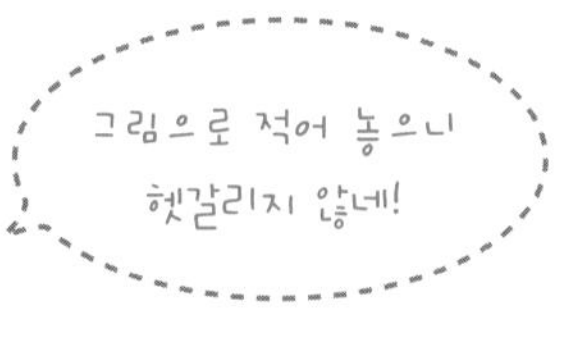

A마을에서 B마을까지 분속 400m로 가면, 분속 200m로 가는 것 보다 7분 일찍 도착합니다. A마을에서 B마을까지의 거리는 몇 m 일까요?

먼저 구하는 값, A마을에서 B마을까지의 거리를 x(m)로 놓고, 그림에 적어.

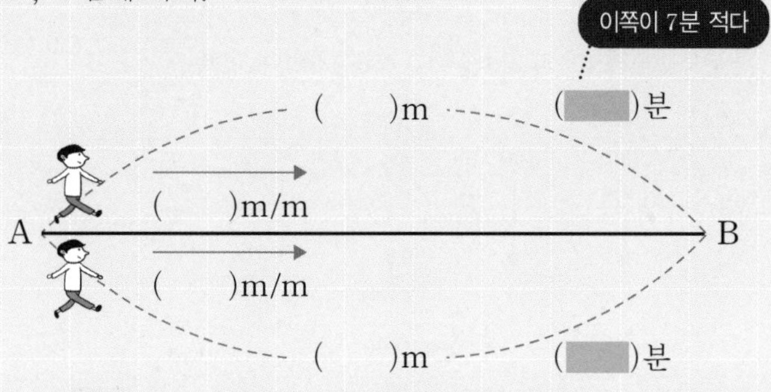

이어서 적은 내용을 보고, 잠시 생각하여

(   )라는 방정식을 세워.

이제 방정식을 풀면 돼.

정답 (   )m

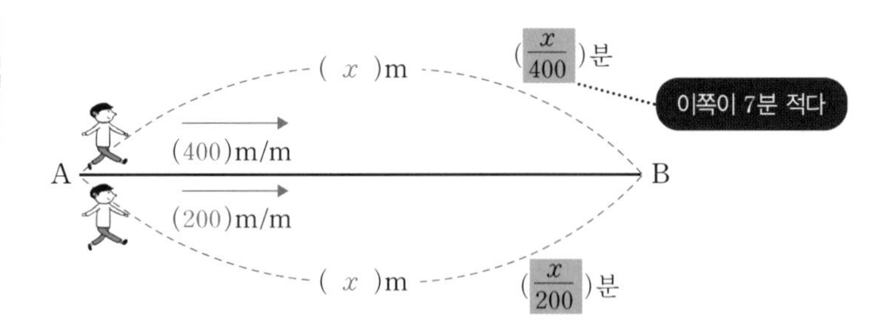

$$\left(\frac{x}{200}-\frac{x}{400}=7\right)$$

분모 200과 400의 최소공배수 400을 양변에 곱해.

$$\frac{x}{200}-\frac{x}{400}=7$$

$\downarrow \times 400$ $\quad \downarrow \times 400$ $\quad \downarrow \times 400$

$$2x-x=2800$$

$$x=2800$$

정답 2,800 m

A 마을에서 도중에 C 마을을 경유하여 39km 떨어진 B 마을까지 갑니다. A 마을에서 C 마을까지는 시속 3km, C 마을에서 B 마을까지는 시속 4km로 가서, 전부 합쳐 11시간이 걸렸습니다. A 마을에서 C 마을까지 가는 데 걸린 시간과 C 마을에서 B 마을까지 가는 데 걸린 시간을 구하세요.

먼저 구하는 값 A 마을에서 C 마을까지의 시간을 x(시간), C 마을에서 B 마을까지를 y(시간)로 놓고, 그림에 적어.

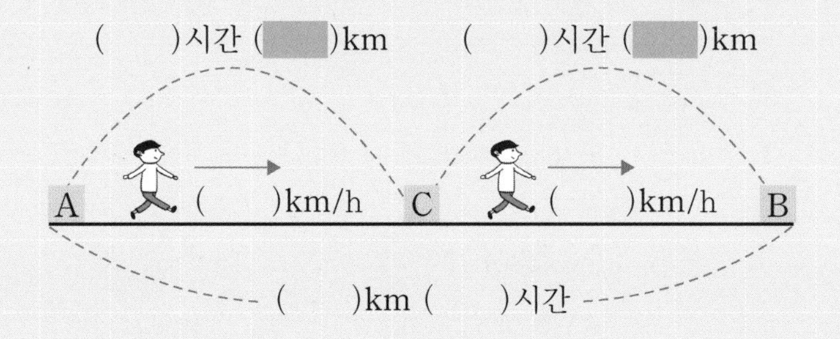

이어서 적은 내용을 보고, 잠시 생각하여

(　　　　　　　　　　　　　) … ①

(　　　　　　　　　　　　　) … ②이라는 방정식을 세워.

이제 이 방정식을 풀면 돼.

정답 A 마을에서 C 마을까지 (　　　)시간,

C 마을에서 B 마을까지 (　　　)시간

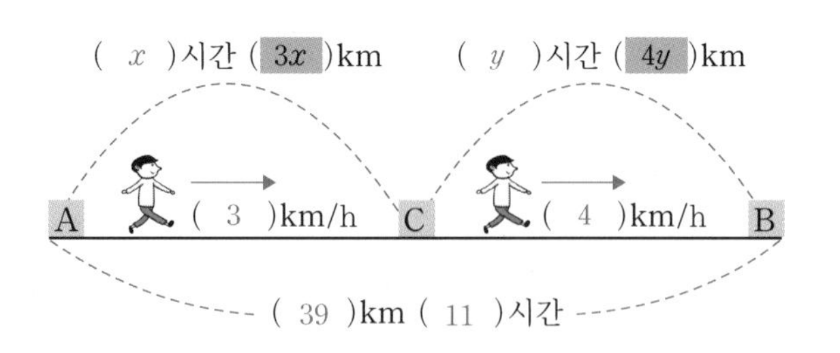

$(x + y = 11)$ … ①

$(3x + 4y = 39)$ … ②

②−①×3

$$\begin{array}{rl} 3x+4y=39 & \cdots ② \\ -\big)\ 3x+3y=33 & \cdots ①\times 3 \\ \hline y=6 & \end{array}$$

이것을 ①에 대입.

$x+6=11$

$x=11-6$

$x=5$

정답 A 마을에서 C 마을까지 5시간,
C 마을에서 B 마을까지 6시간

구하는 값의 연립방정식을 풀고 난 후에는 반드시 단위를 써야 해. 마지막으로 문제를 보고 단위를 확인하는 습관을 들이도록 하자.

A 마을에서 고개를 넘어 B 마을에 갔습니다. A 마을에서 고개까지는 시속 3km, 고개에서 B 마을까지는 시속 6km로 가자 8시간, 같은 길을 돌아오는데 B 마을에서 고개까지는 시속 8km, 고개에서 A 마을까지는 시속 6km로 가자 5시간이 걸렸습니다. A 마을에서 고개까지의 거리와 고개에서 B 마을까지의 거리를 구하세요.

먼저 구하는 값 A 마을에서 고개까지를 $x$km, 고개에서 B 마을까지를 $y$km로 놓고, 그림에 적어.

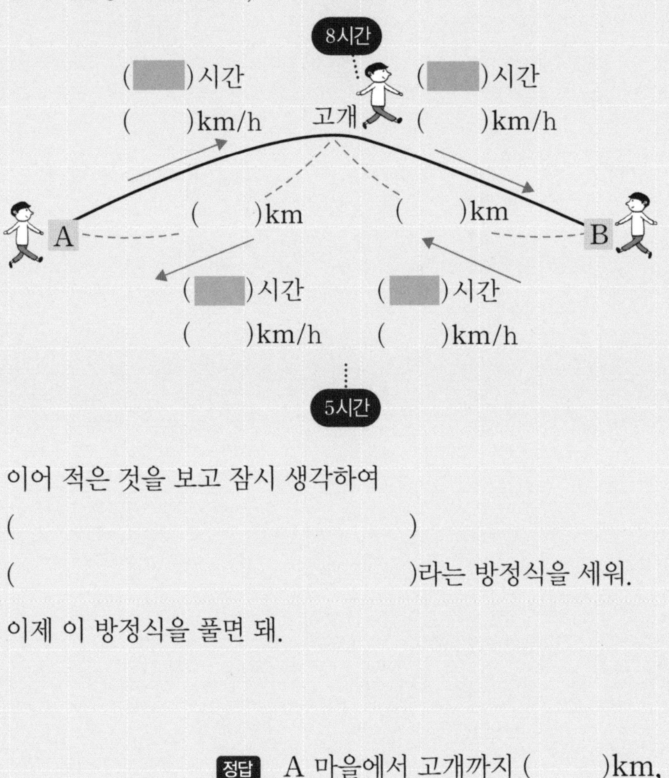

이어 적은 것을 보고 잠시 생각하여

( )

( )라는 방정식을 세워.

이제 이 방정식을 풀면 돼.

정답 A 마을에서 고개까지 ( )km,
고개에서 B 마을까지 ( )km

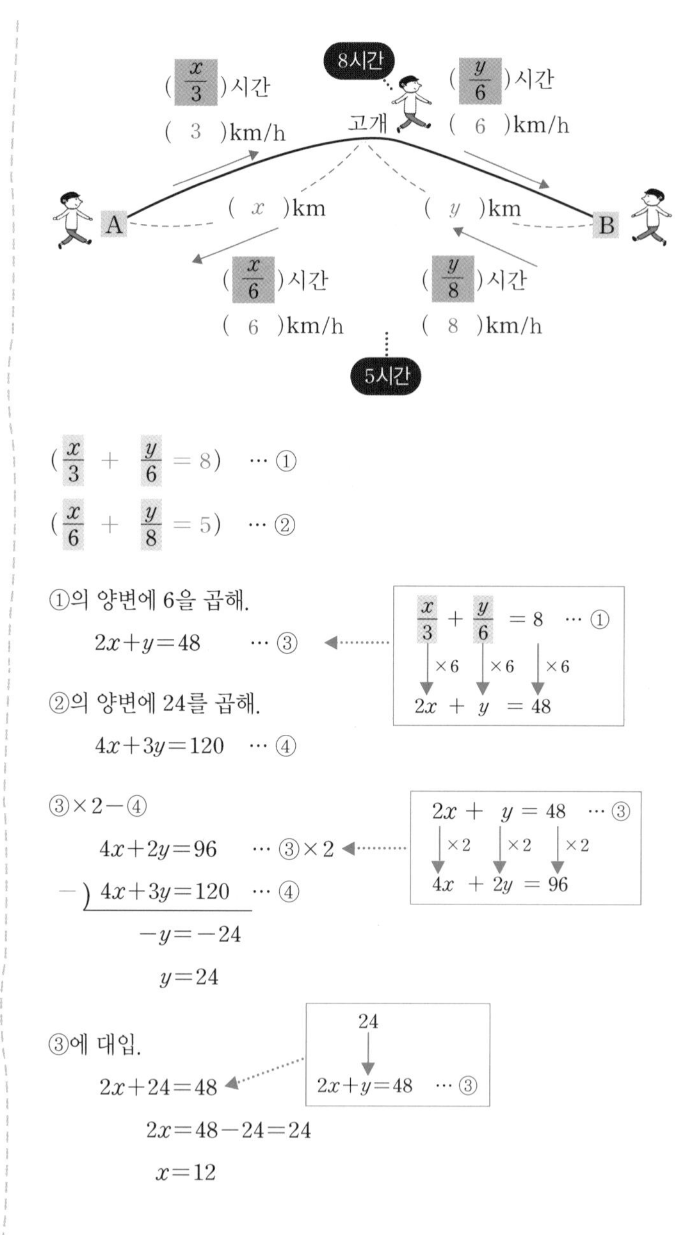

정답 A 마을에서 고개까지 12 km,
고개에서 B 마을까지 24 km

소금물의 문제는 농도에 주의하자

06

소금물이 나오는 문제는 보통 두 가지를 물어. 농도와 소금의 양이지. 이 두 가지를 구하기 위해선 속도, 시간, 거리에 관한 문제에서 그러했듯이 둘의 관계를 알아야 해. 알쏭달쏭하겠지만 의외로 쉽게 풀 수 있는 방법을 가르쳐 줄게.

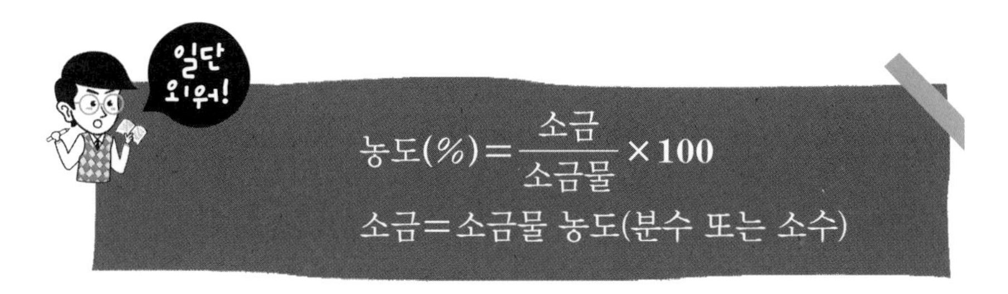

$$\text{농도}(\%) = \frac{\text{소금}}{\text{소금물}} \times 100$$

소금＝소금물 농도(분수 또는 소수)

소금물 문제는 소금이 물에 녹아서 보이지 않기 때문에 어려운 것 같지만, 물과 소금을 눈에 보이는 것으로 바꾸어서 생각하면 엄청 쉽게 풀려.

예 소금 5g을 물 15g에 녹여서 만들어지는 소금물 20g의 농도는 몇 %입니까?

소금을 하얀 구슬, 물을 초록 구슬로 바꾸면, 이 문제는 하얀 구슬 5개와 초록 구슬 15개가 있습니다.

하얀 구슬 5개는 하얀 구슬+초록 구슬=20개의 몇 %입니까?

라는 문제가 되지. 당연히

$5 \div 20 \times 100 = 25\%$이겠지.

이게 소금물 농도 구하는 법이야.

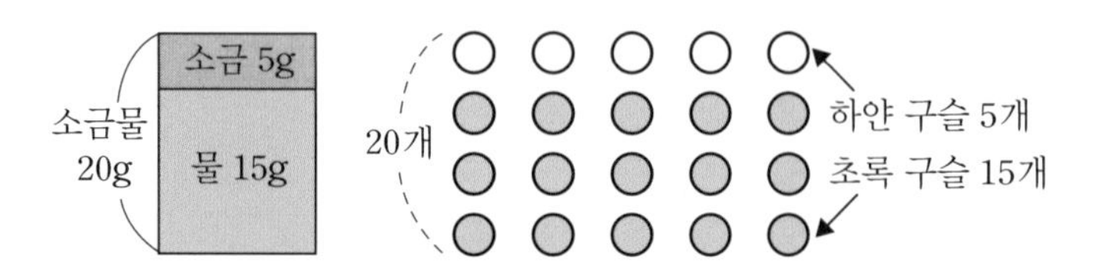

예 20%의 소금물 50g 속의 소금은 몇 g입니까?

소금을 하얀 구슬, 물을 초록 구슬로 바꾸면, 이 문제는

하얀 구슬은, 하얀 구슬+초록 구슬=50개의 20%입니다.

하얀 구슬은 몇 개일까요?

와 같은 거야. 당연히

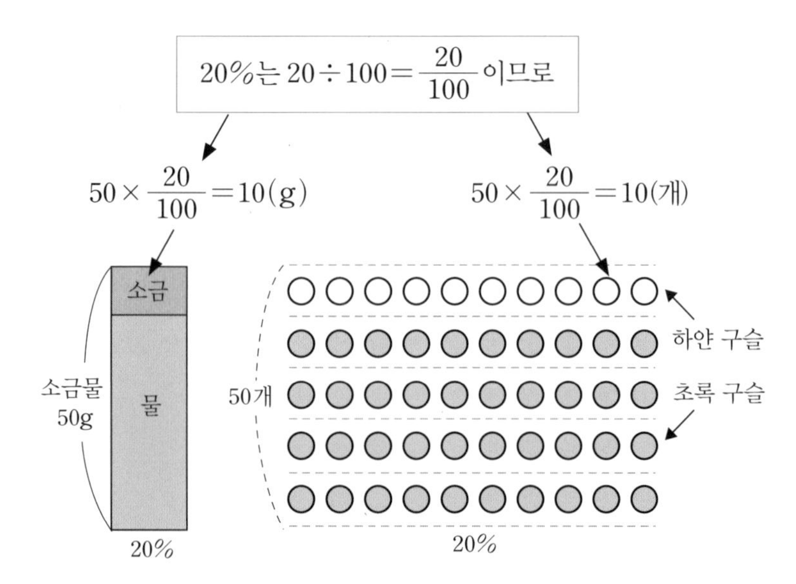

빈칸에 알맞은 답을 써넣으세요.

① 소금 45g을 포함한 소금물 150g의 농도는,

(　　　　)×100=(　　　　)%

② 소금 45g을 물 105g에 녹인 소금물의 농도는,

(　　　　　)×100=(　　　　)%

③ 30%의 소금물 300g 속의 소금은,
300×(　　　　)=(　　　　)g

④ 20%의 소금물 xg 속의 소금은,
x×(　　　　)=(　　　　)g

⑤ 25%의 소금물 yg 속의 소금은,
y×(　　　　)=(　　　　)g

⑥ x%의 소금물 200g 속의 소금은,
200×(　　　　)=(　　　　)g

⑦ y%의 소금물 300g 속의 소금은,
300×(　　　　)=(　　　　)g

정답 ① $\frac{45}{150}$, 30 ② $\frac{45}{45+100}$, 30 ③ $\frac{30}{100}$, 90 ④ $\frac{20}{100}$, $\frac{1}{5}x$
⑤ $\frac{25}{100}$, $\frac{1}{4}y$ ⑥ $\frac{x}{100}$, $2x$ ⑦ $\frac{y}{100}$, $3y$

소금물+소금물, 소금물+소금, 소금물+물 에서는 섞기 전과 후의 소금의 질량은 같아. 전체의 질량은 같아.

예 소금 2g을 물 8g에 녹인 소금물과 소금 3g을 물 7g에 녹인 소금물을 섞으면, 어떻게 될까요?

소금을 하얀 구슬, 물을 초록 구슬로 생각해.

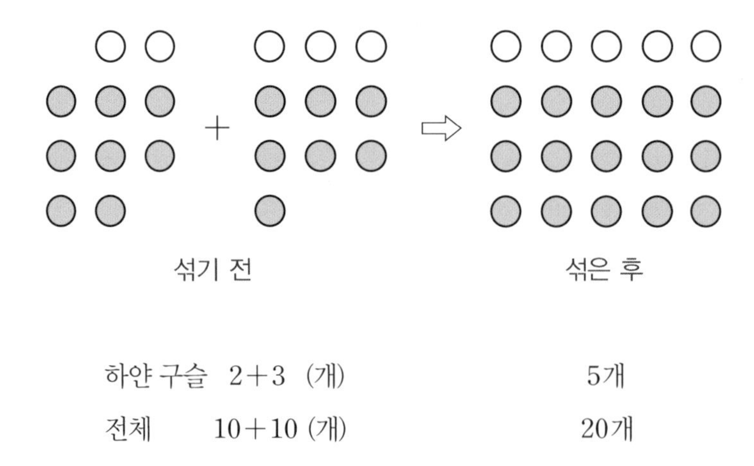

이걸 보면 소금이 5g 포함된 소금물 20g이 생기는 것을 알 수 있어.

예 소금 2g을 물 8g에 녹인 소금물에 물 5g을 더하면 어떻게 될까요?

소금을 하얀 구슬, 물을 초록 구슬로 놓고 생각해.

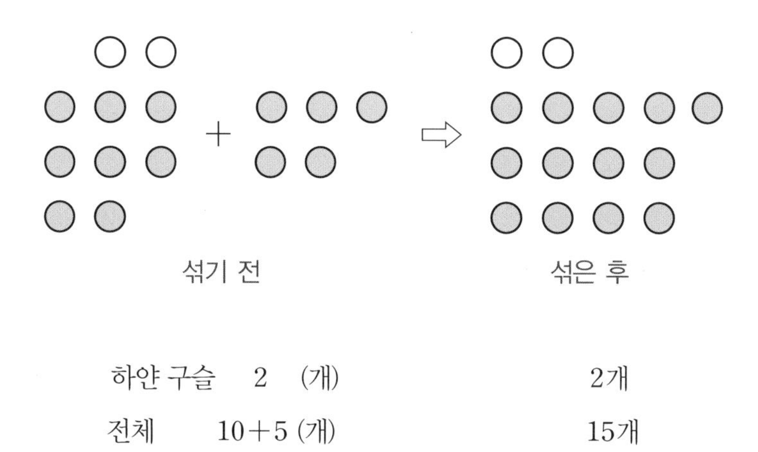

이것으로부터 소금이 2g 포함된 소금물 15g이 생기는 것을 알 수 있지.

예 소금 2g을 물 8g에 녹인 소금물에 다시 소금 5g을 더하면 어떻게 될까요?

소금을 하얀 구슬, 물을 초록 구슬로 생각해.

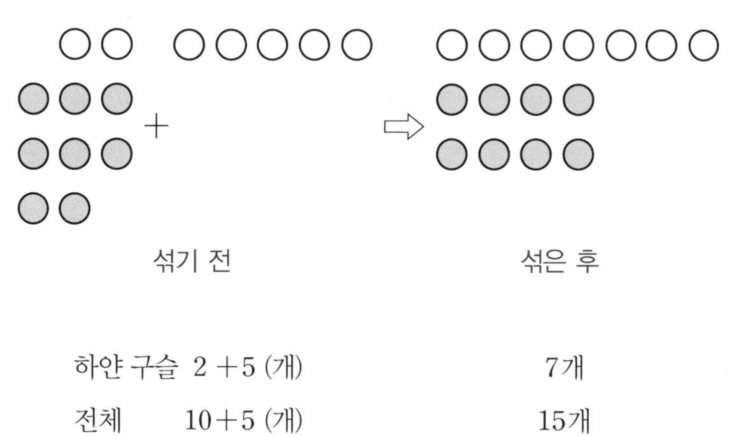

이것으로부터 소금이 7g 포함된 소금물이 15g 생기는 것을 알 수 있겠지.

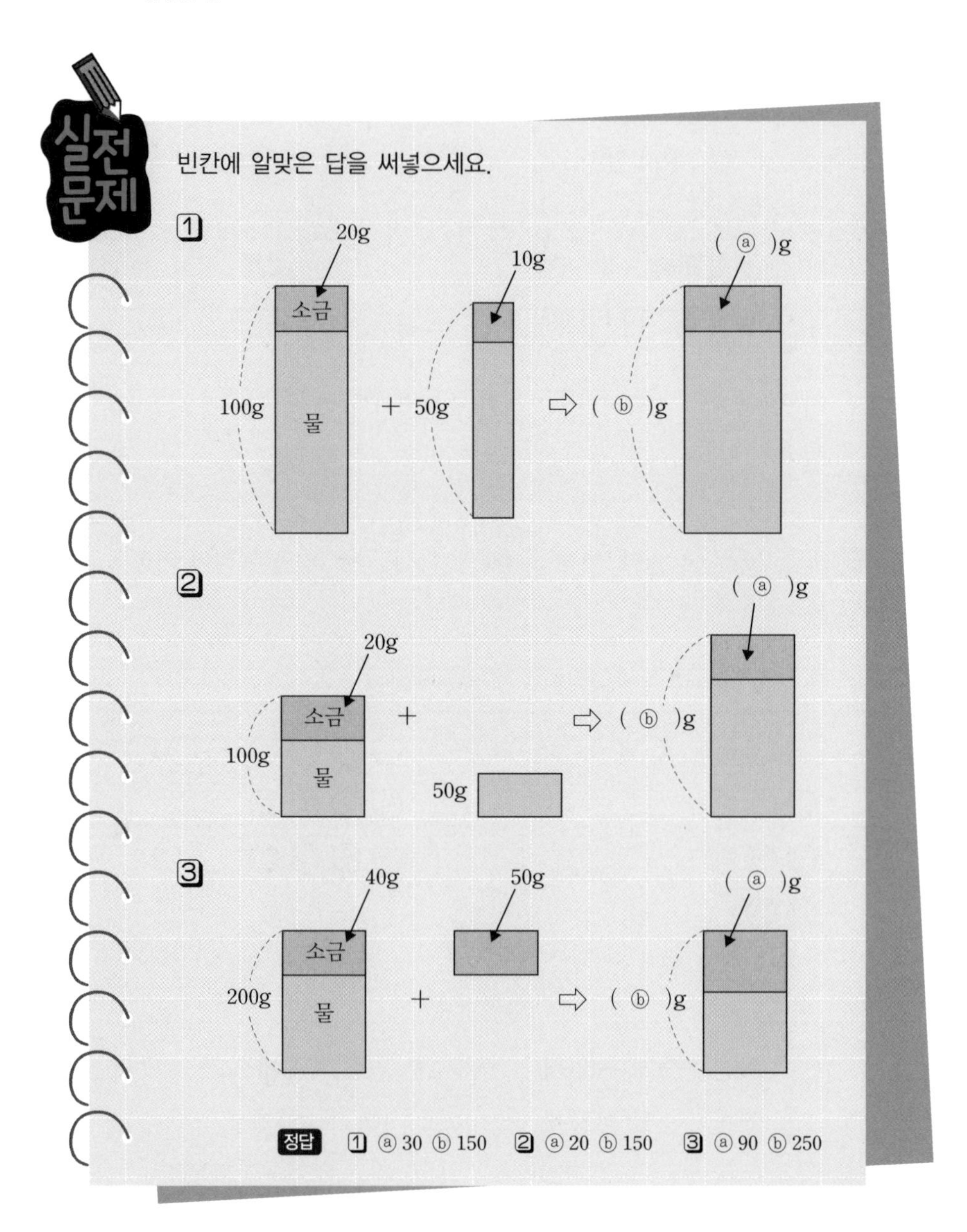

쫄 것 없어. **그림 기입방식**으로 풀면 간단하게 **풀리게 되어** 있거든

예 25%의 소금물 80g에 물을 더해 20%의 소금물이 만들어졌습니다. 이때 더한 물의 질량을 구하는 방정식을 세우세요.

먼저 구하는 값, 더하는 물을 x(g)로 놓고, 그림에 적어.

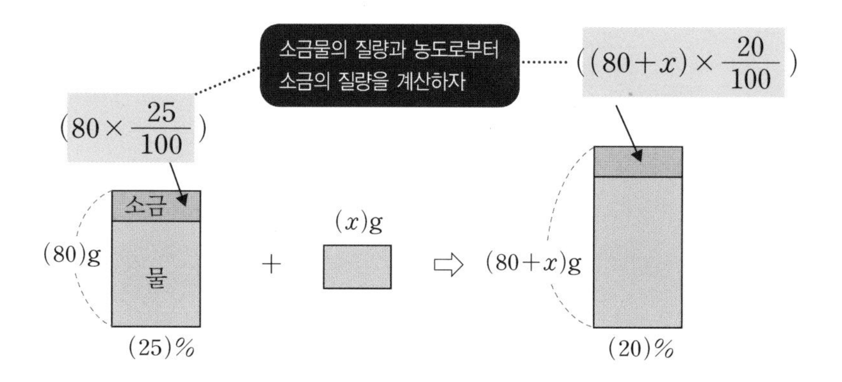

이어서 적은 내용을 보고, 잠시 생각하여

〈소금의 질량으로부터〉

$80\times\frac{25}{100}=(80+x)\times\frac{20}{100}$ 이라는 방정식을 세워.

〈전체의 질량으로부터〉

$80+x=80+x$ 이건 이번엔 도움이 안 돼.

7%의 소금물 100g에, 물을 더해 4%의 소금물로 만듭니다. 물은 몇 g을 더할까요?

먼저 구하는 값, 더하는 물을 $x(\text{g})$로 놓고, 그림에 적어.

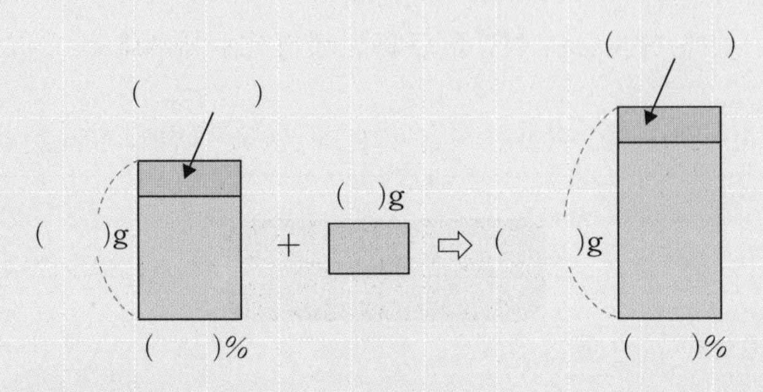

이어서 적은 내용을 보고, 잠시 생각하여

(　　　　　　　　　　　　　　　　　　)라는 방정식을 세워.

이제 이 방정식을 풀면 되겠지.

정답 (　　　)g

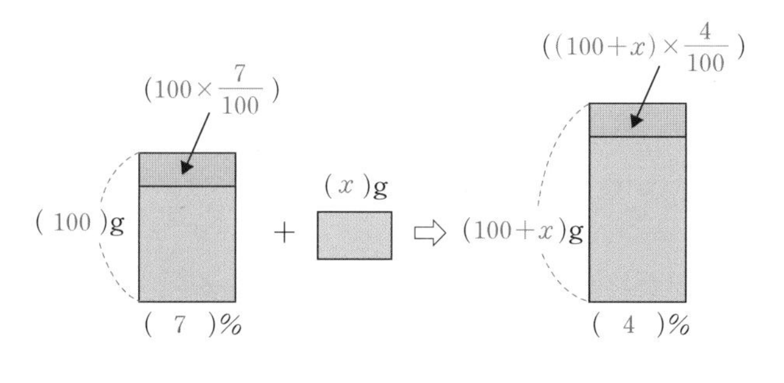

$$(100\times\frac{7}{100}=(100+x)\times\frac{4}{100})$$

양변에 100을 곱해.

$$700=4(100+x)$$

$$700=400+4x$$

$$-4x=400-700$$

$$-4x=-300$$

$$x=75$$

정답 75g

10%의 소금물 250g에, 소금을 더하여 25%의 소금물로 만듭니다. 소금은 몇 g을 더할까요?

먼저 구하는 값, 더하는 소금을 x(g)로 놓고, 그림에 적어.

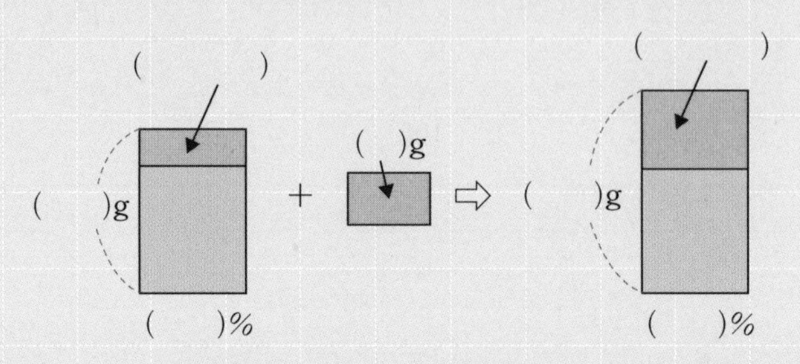

이어서 적은 내용을 보고, 잠시 생각하여

(　　　　　　　　　　　　　　　　　　　　)라는 방정식을 세워.

이제 이 방정식을 풀면 돼.

정답 (　　　)g

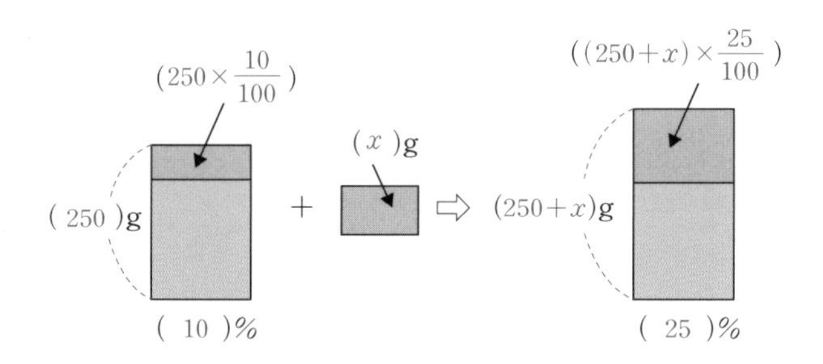

$$(250 \times \frac{10}{100} + x = (250+x) \times \frac{25}{100})$$

양변에 100을 곱해.

$$2500+100x=25(250+x)$$

$$2500+100x=6250+25x$$

$$-25x+100x=6250-2500$$

$$75x=3750$$

$$x=3750 \times (\frac{1}{75}) \qquad x=50$$

정답 50g

3%의 소금물과 11%의 소금물을 섞어서, 5%의 소금물 200g을 만듭니다. 각각 몇 g씩 섞으면 될까요?

먼저 구하는 값, 3%의 소금물을 x(g), 11%의 소금물을 y(g)로 놓고, 그림에 적어.

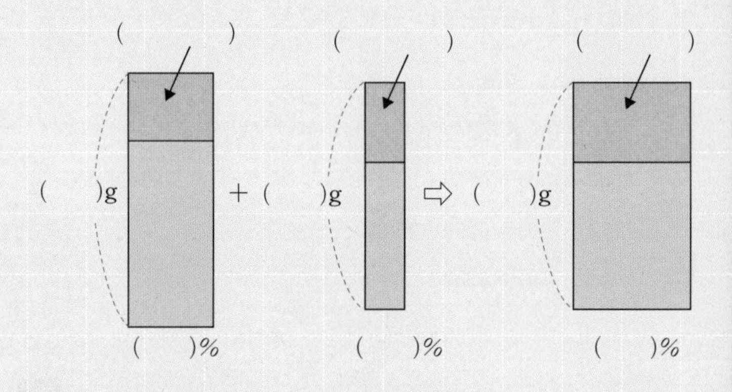

이어서 적은 내용을 보고, 잠시 생각하여

(　　　　　　　　　　　　　　　　　　)라는 방정식을 세워.

이제 이 방정식을 풀면 돼.

정답 3%의 소금물 (　　)g, 11%의 소금물 (　　)g

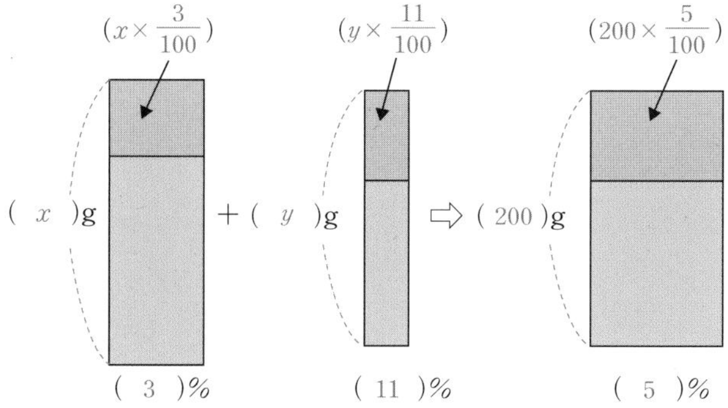

$(x+y=200)$ … ①

$(x\times\frac{3}{100}+y\times\frac{11}{100}=200\times\frac{5}{100})$ … ②

②×100 $3x+11y=1000$ … ②′

①×3 $3x+3y=600$ … ①′

②′−①′ $3x+11y=1000$ … ②′

$-)\ 3x+3y=600$ … ①′

$8y=400$

$y=50$ ①에 대입.

$x+50=200$

$x=200-50$

$x=150$

정답 3%의 소금물 150g, 11%의 소금물 50g

chapter 06

전개와 인수분해

곱셈의 형태로 묶어 주는 것을 인수분해라고 해. 인수분해는 다양한 유형이 있는데 공통인수만 찾으면 쉽게 풀 수 있어.

$ma+mb=m(a+b)$ 유형의 문제는 일단 전개하자

01

이제 중학수학의 꽃인 전개와 인수분해를 배워 볼 거야. 전개는 (　　)를 푸는 것이고, 인수분해는 반대로 (　　)로 묶는 거야. 실제로 어떻게 하는지는 이제부터 쉽게 설명해 줄게.

분배법칙 기억나지? 이걸 적용하면 $m(a+b)=ma+mb$가 될 거야. 이와 같이 (　　)를 푸는 것을 전개라고 해.

$m(a+b)=ma+mb$이므로 당연히
$ma+mb=m(a+b)$가 되겠지.

이와 같이 곱셈의 형태로 묶어 주는 것을 인수분해라고 해.
다양한 종류가 있는데, 여기서는 먼저
$ma+mb=m(a+b)$ 유형부터 보도록 하자.

공통인수를 (　　) 밖으로 빼내

예 $4ab+12ad$를 인수분해하세요.

$4ab$와 $+12ad$를 무엇으로 나눌 수 있는지를 보면,

$4a$로 나눌 수 있어. 이 $4a$가 공통인수가 되는 거지.

공통인수를 ( ) 밖으로 빼내기

$4ab+12ad=4a(\qquad)$

( ) 안에는 $4ab\div4a=b$와 $+12ad\div4a=+3d$가 들어가.

$4ab+12ad=4a(b+3d)$가 될 거야.

전개하여 확인해 봐.

$4a(b+3d)=4ab+12ad$

다음을 인수분해하세요.

① $12bc-15bd=$

② $27xy-9y=$

③ $25xy+15cy=$

① $12bc$와 $-15bd$를 무엇으로 나눌 수 있는지를 보면,

$3b$(공통인수)로 나눌 수 있어. 따라서

$12bc-15bd=3b(\qquad)$ ·········· 공통인수를 ( ) 밖으로 빼내기

( )의 안에는 $12bc\div3b=4c$와 $-15bd\div3b=-5d$가 들어가.

$12bc-15bd=3b(4c-5d)$가 되겠지.

분배법칙으로 검산해 봐. 맞지?

$3b(4c-5d)=12bc-15bd$

② $27xy-9y=9y(3x-1)$

③ $25xy+15cy=5y(5x+3c)$

공통인수를 찾는 것이 인수분해의 첫 단계야~.

$x^2+(a+b)x+ab$
$=(x+a)(x+b)$ 유형

이 유형은 전개와 인수분해를 연습하는 데 가장 좋은 유형이야. 전개와 인수분해를 왔다 갔다 하면서 익숙해지도록 해 보자. 어려워 보이지만 자꾸 풀어 보면 감이 올 거야.

먼저 $(x+a)(x+b)$의 전개를 생각해 보자.

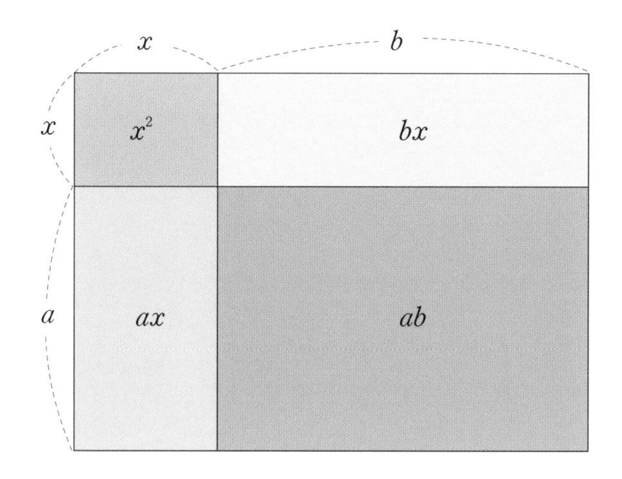

그림에 따라

$(x+a)(x+b)=x^2+bx+ax+ab$가 될 거야.

문제를 빨리 풀기 위해선 아래와 같이, ①②③④ 순서대로 기계적으로 곱한다고 기억하면 쉬워.

$$(x+a)(x+b)=x^2+bx+ax+ab$$

예 $(x+3)(x+2)$를 전개하세요.

$$(x+3)(x+2)=x^2+2x+3x+6$$
$$=x^2+5x+6$$

다음을 전개하세요.

1 $(x-2)(x+3)=$

2 $(x+2)(x-6)=$

3 $(x-3)(x+4)=$

정답 1 x^2+x-6 2 $x^2-4x-12$ 3 x^2+x-12

$(x+3)(x-6)=x^2-6x+3x-18=x^2-3x-18$로

전개할 수 있어. 반대로

$x^2-3x-18=(x+3)(x-6)$으로 인수분해할 수 있지.

이번에는 이것을 해 보자.

곱하여 ab, 더하여 $a+b$가 되는 두 수를 찾는다

예 $x^2 \quad -2x \quad -3$ 을 인수분해하세요.

$x^2 \quad -2x \quad -3$과

$x^2+(a+b)x+ab$를 비교해.

곱하여 $-3\,(ab)$, 더하여 $-2(a+b)$가 되는 두 수를 찾아.

먼저 곱하여 -3이 되는 두 수는

$(+1$과 $-3)$ $(-1$과 $+3)$

이 중에서 더하여

-2가 되는 조합을 찾으면, $(+1$과 $-3)$이 될 거야.

이 두 수를 사용하여,

$x^2 \; -2x \; -3 \; = \; (x+1)(x-3)$으로 인수분해하면 돼.

x^2-5x+6 을 인수분해하세요.

곱하여 $+6$이 되는 두 수는

($+1$과 $+6$)($+2$와)(-6과)(-3과)

다음으로, 이 중에서 더하여 -5가 되는 조합을 찾으면,

(과)이겠지.

이 두 수를 사용하여,

$x^2-5x+6=$ ( )( )

정답과 해설

곱하여 $+6$ 이 되는 두 수는

($+1$과 $+6$) ($+2$와 $+3$) (-6과 -1)(-3과 -2)

다음으로 이 중에서, 더하여 -5가 되는 조합을 찾으면,

(-3과 -2)이겠지.

$x^2-5x+6=(x-3)(x-2)$

검산해 보자.

$(x-3)(x-2)=x^2-2x-3x+6=x^2-5x+6$

다음을 인수분해하세요.

① $x^2-7x+10=(\qquad)(\qquad)$

② $x^2-12x+35=(\qquad)(\qquad)$

③ $x^2-7x+12=(\qquad)(\qquad)$

정답과 해설

① 곱하여 $+10$ → $(+1$과 $+10)(+2$와 $+5)$ $(-1$과 $-10)(-2$와 $-5)$
이 중에서 더하여 -7은 $(-2$와 $-5)$이다. 이 두 수를 이용하여
$x^2-7x+10=(x-2)(x-5)$

② 곱하여 $+35$ → $(+1$과 $+35)(+5$와 $+7)$ $(-1$과 $-35)(-5$와 $-7)$
이 중에서 더하여 -12는 $(-5$와 $-7)$이다. 이 두 수를 이용하여
$x^2-12x+35=(x-5)(x-7)$

③ 곱하여 $+12$ → $(+1$과 $+12)(+2$와 $+6)(+3$과 $+4)$
$(-1$과 $-12)(-2$와 $-6)(-3$과 $-4)$
이 중에서 더하여 -7은 $(-3$과 $-4)$이다. 이 두 수를 이용하여
$x^2-7x+12=(x-3)(x-4)$

$x^2+2ax+a^2=(x+a)^2$
$x^2-2ax+a^2=(x-a)^2$

03

이번엔 ($\quad$)^2 유형의 인수분해를 연습할 거야. 앞에서 배운 인수분해와 비슷하지만 계산을 더 쉽게 하기 위해서 이 유형을 따로 분류했어. 이것도 풀다 보면 자연스럽게 감이 올 거야.

쉽게 생각해

$x^2+2ax+a^2$
→ 곱하여 a^2, 더하여 $2a$가 되는 두 수를 찾아

$x^2-2ax+a^2$
→ 곱하여 a^2, 더하여 $-2a$가 되는 두 수를 찾아

$x^2+2ax+a^2=(x+a)^2$과 $x^2-2ax+a^2=(x-a)^2$은

공식이지만, 앞의 방법으로 계산할 수 있는데, 계산하는 동안 자연스럽게 익숙해지므로 여기서는 앞의 방법으로 풀어 보자.
앞에서는 $x^2+\square x+\triangle$를 인수분해하는데
곱하여 $\triangle$, 다시 더하여 $\square$가 되는 두 수를 찾았지?
여기서도 같은 방법을 쓸 거야.

예 x^2+6x+9를 인수분해하세요.

곱하여 $+9$ → $(+1$과 $+9)(+3$과 $+3)$

$(-1$과 $-9)(-3$과 $-3)$

이 중에서 더하여 $+6$ → $(+3$과 $+3)$

이 두 수를 이용하여

$$x^2+6x+9=(x+3)(x+3)$$
$$=(x+3)^2$$

예 x^2-4x+4를 인수분해하세요.

곱하여 $+4$ → $(+1$과 $+4)(+2$와 $+2)$

$(-1$과 $-4)(-2$와 $-2)$

이 중에서 더하여 -4 → $(-2$와 $-2)$

이 두 수를 이용하여

$$x^2-4x+4=(x-2)(x-2)$$
$$=(x-2)^2$$

다음을 인수분해하세요.

1 $x^2-2x+1=$

2 $x^2+2x+1=$

3 $x^2-6x+9=$

4 $x^2-10x+25=$

5 $x^2+18x+81=$

6 $x^2-4x+4=$

7 $x^2+14x+49=$

8 $x^2-16x+64=$

① $x^2-2x+1=(x-1)^2$

곱하여 $+1$ → $(+1$과 $+1)(-1$과 $-1)$

이 중에서 더하여 -2 → $(-1$과 $-1)$

$x^2-2x+1=(x-1)(x-1)=(x-1)^2$

② $x+2x+1=(x+1)^2$

곱하여 $+1$ → $(+1$과 $+1)(-1$과 $-1)$

이 중에서 더하여 $+2$ → $(+1$과 $+1)$

$x^2+2x+1=(x+1)(x+1)=(x+1)^2$

③ $x^2-6x+9=(x-3)^2$

④ $x^2-10x+25=(x-5)^2$

⑤ $x^2+18x+81=(x+9)^2$

⑥ $x^2-4x+4=(x-2)^2$

⑦ $x^2+14x+49=(x+7)^2$

⑧ $x^2-16x+64=(x-8)^2$

칼럼 익숙해지면 쉽게 인수분해를 할 수 있다!

① $x^2+(a+b)x+ab=(x+a)(x+b)$

② $x^2+2ax+a^2=(x+a)^2$

③ $x^2-2ax+a^2=(x-a)^2$

①도 ②도 ③도 같은 방법으로 풀 수 있어.

곱하여… 그중에서 더하여…라는 흐름으로 두 수를 찾았지.

이 두 수는 익숙해져서 특징을 알게 되면 쉽게 찾을 수 있어.

포인트는 2승의 수인지 아닌지 하는 거야.

2승의 수라는 것은, $1(=1^2, (-1)^2)$, $4(=2^2, (-2)^2)$,

$9(=3^2, (-3)^2)$, $16(=4^2, (-4)^2)$……

$36(=6^2, (-6)^2)$, $49(=7^2, (-7)^2)$, $64(=8^2, (-8)^2)$

……

곱하여 2승의 수라면 ② 또는 ③일 확률이 커.

곱하여 그 이외의 수라면 ①이야.

★ $x^2+14x+49$

↑

2승의 수이기 때문에 ② 또는 ③

곱하여 $+49$ → $(+7$과 $+7)(-7$과 $-7)$

그중에서 더하여 $+14$ → $(+7$과 $+7)$

★ $x^2-16x+64$

↑

2승의 수이기 때문에 ② 또는 ③

곱하여 $+64$ → $(+8$과 $+8)(-8$과 $-8)$

이 중에서 더하여 -16 → $(-8$과 $-8)$

※ 곱하여 64가 되는 두 수는 (1, 64)(2, 32)(4, 16)(8, 8)

(−1, −64)(−2, −32)(−4, −16)(−8, −8)인데,

64가 2승의 수이기 때문에, (+8, +8)과 (−8, −8)이 높은 확률로 정답이 될 거야.

★ $x^2+9x+14$

↑

2승의 수가 아니므로 ①

곱하여 $+14$ → $(+1$과 $+14)(+2$와 $+7)$

$(-1$과 $-14)(-2$와 $-7)$

그중에서 더하여 $+9$ → $(+2$와 $+7)$

이와 같이 특징을 알면 쉽게 인수분해할 수 있어.

혹시 모르니 한 번 더 볼까?

x^2-6x+9 2승의 수이므로 $(+3$과 $+3)(-3$과 $-3)$을 먼저 체크.

$x^2-10x+21$ 2승의 수가 아니므로 $(+1, +21)(+3, +7)$

$(-1, -21)(-3, -7)$을 체크.

$x^2-20x+100$ 2승의 수이므로

$(+10$과 $+10)(-10$과 $-10)$을 먼저 체크.

$x^2-a^2=(x+a)(x-a)$

04

이번 유형은 가운데 ax가 없는 유형이야. 이런 유형을 만나면 당황할 수도 있는데 a가 0이라고 생각하면 쉬워. 0이 되려면 부호는 다르고 절댓값은 같은 두 수를 찾으면 되겠지?

곱하여 $-a^2$, 더하여 0이 되는 두 수를 찾는다

이것도 공식이지만, 앞의 **02** 챕터에서 나온 방법으로 할 수 있고, 하는 사이에 자연스럽게 이해할 수 있으니 우선 **02** 챕터의 방법으로 해 보자.

02 챕터에서는, $x^2+\square x+\triangle$를 인수분해하는데
곱하여 $\triangle$, 다시 더하여 $\square$가 되는 두 수를 찾았어.

$$x^2-a^2=x^2+0x-a^2\text{이므로,}$$

아래에서 곱하여 $-a^2$, 더하여 0이 되는 두 수를 찾아.

$$x^2+\square x+\triangle$$

$$\downarrow \quad \downarrow$$

$$x^2-a^2=x^2+0x-a^2$$

이 인수분해에서는 $-a^2$은 -1, -4, -9, -16, -25, -36, -49, -64…와 같이 $-$(2승의 수)이므로,

-1이라면 (1과 -1) -4라면 (2와 -2)

-9라면 (3과 -3) -16이라면 (4와 -4)

-25라면 (5와 -5) -36이라면 (6과 -6)

-49라면 (7과 -7) -64라면 (8과 -8)을 체크해야 해.

예 x^2-36 을 인수분해하세요.

곱하여 -36 → ($+6$과 -6)

이 두 수는 더하여 0이 되므로 이 두 수를 이용하여,

$x^2-36=(x+6)(x-6)$

전개하여 검산해 보자.

$$(x+6)(x-6)=x^2-6x+6x-36=x^2-36$$ 정확하지?

①②③④

다음을 인수분해하세요.

1 $x^2-16=$

2 $x^2-81=$

3 $x^2-49=$

4 $x^2-64=$

5 $x^2-4=$

정답 1 $(x+4)(x-4)$ 2 $(x+9)(x-9)$ 3 $(x+7)(x-7)$ 4 $(x+8)(x-8)$ 5 $(x+2)(x-2)$

$mx^2+m(a+b)x+mab$
$=m(x+a)(x+b)$

05

이번에는 x 앞에 숫자가 붙은 유형이야. 복잡해 보이지만 한 가지만 기억하면 돼. x 앞에 붙은 숫자를 1로 만들자. 그러려면 어떻게 해야 할까?

먼저 **공통인수**를 ( ) **밖으로** 빼내

예 $mx^2+4mx+3m$을 인수분해하세요.

공통인수가 우선이야. 일단 겹치는 건 ( ) 밖으로 빼내야 해!

$ma+mb=m(a+b)$로부터,

$$mx^2+4mx+3m=m(x^2+4x+3)$$

x^2+4x+3을 인수분해하지 못하면, 여기서 이 인수분해는 The End라고 할 수 있겠지.

x^2+4x+3을 인수분해할 수 있는지 살펴보자.
곱하여 $+3$이 되는 것은 $(+1$과 $+3)(-1$과 $-3)$
이 중에서 더하여 $+4$가 되는 것은 $(+1$과 $+3)$이므로
$x^2+4x+3=(x+1)(x+3)$으로 인수분해할 수 있네.

따라서,

$$mx^2+4mx+3m=m(x^2+4x+3)$$
$$=m(x+1)(x+3)$$

이 되지.

결국 공통인수를 (　) 밖으로 빼낸 후,

다시 인수분해할 수 있으면 해야 해. 숫자로 생각하면,

$30=2\times15$로 한 후, $15=3\times5$이므로

$30=2\times15=2\times3\times5$와 같이 하는 것과 같다고 할까, 하하.

다음을 인수분해하세요.

① $2ax^2-8ax-42a=$

② $nx^2+5nx-7n=$

③ $tx^2+6tx+9t=$

④ $ax^2+6ax+5a=$

⑤ $2mx^2-32m=$

⑥ $2bx^2-50b=$

⑦ $3ax^2-12ax+12a=$

① $2ax^2-8ax-42a=2a(x^2-4x-21)$

$=2a(x-7)(x+3)$

곱하여 -21은 $(1$과 $-21)(-1$과 $21)(-3$과 $7)$ $(3$과 $-7)$, 더하여 -4가 되는 것은 $(-7$과 $3)$

② $nx^2+5nx-7n=n(x^2+5x-7)$

곱하여 -7은 $(1$과 $7)(-1$과 $7)$,이 중에서 더하여 5가 되는 경우는 없으므로, 더 이상 인수분해가 안 돼

③ $tx^2+6tx+9t=t(x^2+6x+9)$

$=t(x+3)^2$

④ $ax^2+6ax+5a=a(x^2+6x+5)$

$=a(x+1)(x+5)$

⑤ $2mx^2-32m=2m(x^2-16)$

$=2m(x+4)(x-4)$

⑥ $2bx^2-50b=2b(x^2-25)$

$=2b(x+5)(x-5)$

⑦ $3ax^2-12ax+12a=3a(x^2-4x+4)$

$=3a(x-2)^2$

chapter 07

인수분해를 활용한 증명

수학에서 가장 어렵게 느껴지는 것 중 하나가 증명하라는 문제일 거야. 여기서는 인수분해를 응용해서 식으로 증명할 거야. 그렇게 하기 위해선 일단 정수를 문자로 나타내는 법을 배워야 해.

정수를 문자로 나타내기

01

수학에서 가장 어렵게 느껴지는 것 중 하나가 증명하라는 문제일 거야. 대체 뭘 증명해? 내가 홈즈도 아닌데. 하지만 수학에서의 증명은 홈즈만 할 수 있는 게 아니야. 여기서는 인수분해를 응용해서 식으로 증명할 거야. 일단 그렇게 하기 위해선 정수를 문자로 나타내는 법을 배워야 해.

일단 외워!

2의 배수 $2m$(m=정수)
3의 배수 $3b$(b=정수)
홀수 $2m+1$(m=정수)
연속되는 3개의 정수 $n, n+1, n+2$(n=정수)
두 자릿수의 정수 $10a+b$(a, b=정수)

인수분해를 이용하여 식을 증명하기 위해서는,
문자를 사용한 정수의 표현 방식에 익숙해져야 해.
일단 차례대로 보도록 하자.

★ 2의 배수(＝짝수)

$2=2\times1$　　$4=2\times2$　　$6=2\times3$ ……

2의 배수는 2×(정수)의 형태를 하고 있어. 구구단에서 2단을 생각하면 쉬워.

정수를 적당한 문자로 나타내면,

2의 배수는 $2m$(m＝정수), $2n$(n＝정수)과 같이 나타낼 수 있을 거야.

★ 3의 배수

$3=3\times1$　　$6=3\times2$　　$9=3\times3$ ……

3의 배수는 3×(정수)의 형태를 하고 있어. 또 구구단 이야기하면 화내겠지?

정수를 적당한 문자로 나타내면,

3의 배수는 $3c$(c＝정수), $3b$(b＝정수)와 같이 나타낼 수 있어.

이와 마찬가지로 4의 배수는 $4n$, $4m$……, 5의 배수는 $5a$, $5b$……

★ 홀수

$3=2\times1+1$　　$5=2\times2+1$　　$7=2\times3+1$

홀수는 2×(정수)＋1의 형태를 하고 있어.

홀수는 둘로 나누었을 때 나머지가 1인 수를 이야기하는 거니까.

정수를 적당한 문자로 나타내면,

$2m+1$(m＝정수)　　$2n+1$(n＝정수) ……

★ 연속되는 3개의 정수

$1, 2, 3 \rightarrow (1, 1+1, 1+2)$

$3, 4, 5 \rightarrow (3, 3+1, 3+2)$

$7, 8, 9 \rightarrow (7, 7+1, 7+2)$

연속되는 3개의 정수는,

(가장 작은 정수, 가장 작은 정수 +1, 가장 작은 정수 +2)의 형태를 하고 있어.

가장 작은 정수를 n으로 나타내면 $n,\ n+1,\ n+2$(n=정수)

★ 두 자릿수 정수

$43 = 4 \times 10 + 3 \quad 73 = 7 \times 10 + 3$…으로부터

10의 자리 수를 a, 1의 자리 수를 b라고 하면,

$10a + b$ (a, b=정수)

자주 나오는 것이, 원래 수의 10의 자리 수와 1의 자리 수를 바꾼 정수야.

예를 들어 원래의 수가 53일 때, 10의 자리 수와 1의 자리 수를 바꾼 수는, 35야.

$5 \times 10 + 3 \Rightarrow 3 \times 10 + 5$ …이 구조로부터,

$10a + b$의 10의 자리 수와 1의 자리 수를 바꾼 수는,

$10b + a$로 나타낼 수 있어.

인수분해를 이용해 증명하기

바로 앞에서 정수를 문자로 나타내는 법을 배웠지? 우리가 그걸 공부한 건 추진력을 얻기 위함이었어. 이제 밑준비가 끝났으니 본격적으로 인수분해를 이용한 증명을 해 보자.

정수를 문자로 **나타내 계산**하고 **인수분해**하여
(　　)는 **정수**

아래의 흐름에 따라서 식으로 증명하자.

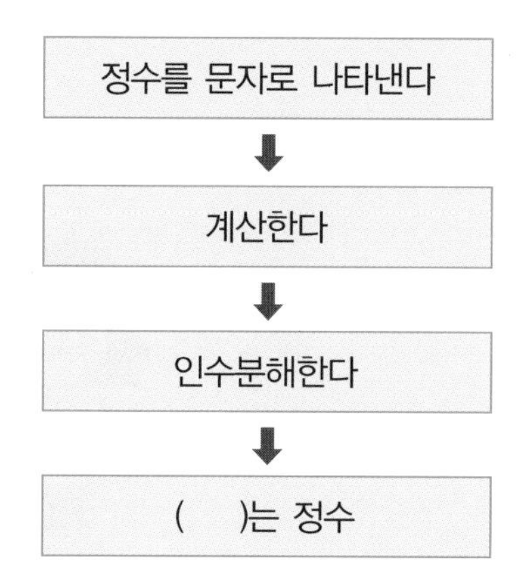

예 짝수와 짝수의 합은 짝수가 된다는 것을 증명하세요.

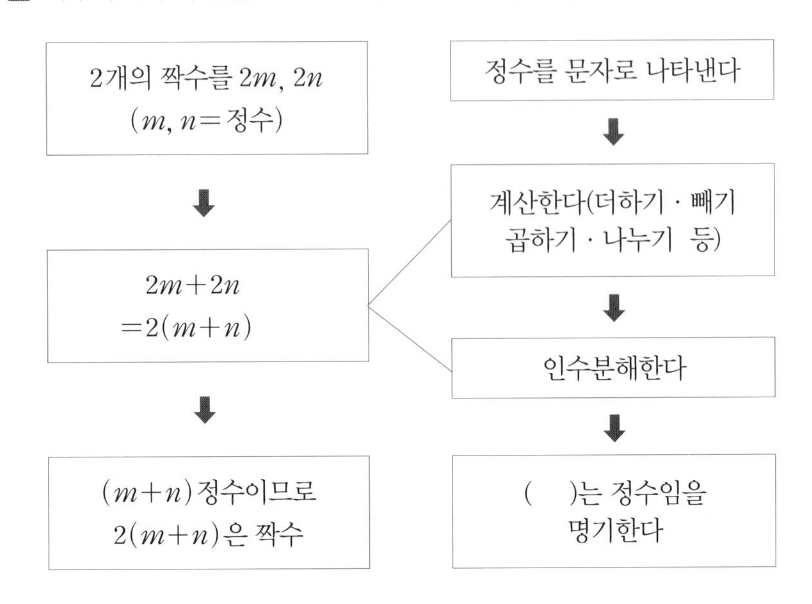

예를 들면 2×0.7에서는 짝수가 되지 않아. 어디까지나 짝수는 2(정수)야. 그러므로 $2(m+n)$ 뒤, $(m+n)$은 정수이므로, $2(m+n)$은 짝수라고 꼭 적어야 해.

홀수와 홀수의 합은 짝수가 된다는 것을 빈칸을 채워서 증명하세요.

2개의 홀수를 (ⓐ), (ⓑ) (m, n = 정수)	정수를 문자로 나타낸다
⬇	⬇
(ⓒ) + (ⓓ) = (ⓔ) = 2(ⓕ)	계산한다(더하기 · 빼기 곱하기 · 나누기 등) ⬇ 인수분해한다
⬇	⬇
(ⓖ)는 정수이므로 2(ⓗ)는 짝수	( )는 정수임을 명기한다

정답 ⓐ $2m+1$ ⓑ $2n+1$ ⓒ $2m+1$ ⓓ $2n+1$ ⓔ $2m+2n+2$
ⓕ $m+n+1$ ⓖ $m+n+1$ ⓗ $m+n+1$

짝수가 되는 것을 증명하는 경우, $(2m+1)+(2n+1)=(2m+2n+2)$

이 계산 결과가 짝수($=2\times$ 정수)가 되어야 하므로,

$(2m+2n+2)=2(\quad)$로서 ( ) 안이 어떻게 되는지 생각해 보자.

만약 계산 결과가 $6m+12n$이고, 이것이 3의 배수가 되어야 할 경우라면,

$6m+12n=3(\quad)$로 변형시켜.

( ) 안을 생각하면 $6m+12n=3(2m+4n)$

이와 같이 무엇을 증명하고 싶은가에 따라서, 계산한 후 5의 배수라면 $5(\quad)$

홀수라면 $2(\quad)+1$…과 같이 적고, 그 후 ( ) 안을 생각하면 쉽게 증명

할 수 있지.

두 자릿수 정수로, 원래 수의 10의 자리 수와 1의 자리 수를 바꾸어 생기는 정수로부터, 원래의 정수를 뺀 차는 9의 배수가 된다는 것을, 빈칸을 채워서 증명하세요.

두 자릿수 정수를 (ⓐ) (a, b) 정수 10의 자리와 1의 자리를 바꾼 정수를 (ⓑ)	정수를 문자로 나타낸다
⬇	⬇
(ⓒ)－(ⓓ) ＝(ⓔ) ＝(ⓕ) ＝9(ⓖ)	계산한다(더하기 · 빼기 곱하기 · 나누기 등) ⬇ 인수분해한다
⬇	⬇
(ⓗ)는 정수이므로 9(ⓘ)는 (ⓙ)	( )는 정수임을 명기한다

정답 ⓐ $10a+b$ ⓑ $10b+a$ ⓒ $10b+a$ ⓓ $10a+b$ ⓔ $10b+a-10a-b$
ⓕ $9b-9a$ ⓖ $b-a$ ⓗ $b-a$ ⓘ $b-a$ ⓙ 9의 배수

chapter 08

제곱근

제곱근은 제곱의 뿌리란 뜻으로 제곱해서 어떤 수를 만드는 수를 말해. a의 제곱근은 우선 $\sqrt{a}$, $-\sqrt{a}$라고 적을 수 있어. $\sqrt{\ }$는 루트라고 읽어.

제곱근이란 무엇일까?

01

이제 우리가 공부할 것은 제곱근이야. 제곱근은 제곱의 뿌리(근)란 뜻으로, 제곱해서 어떤 수를 만드는 수를 말해. 이렇게 말하니까 헷갈리지? 이제 하나씩 파헤쳐 보자.

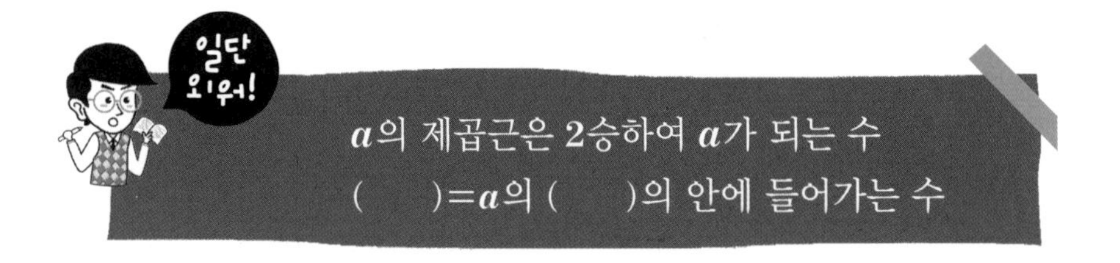

a의 제곱근은 2승하여 a가 되는 수

(　　)$=a$의 (　　)의 안에 들어가는 수

이렇게 설명하면 느낌이 잘 오지 않기 때문에 구체적으로 보도록 하자.

25의 제곱근은 2승하여 25가 되는 수,

$(\quad)^2=25$의 (　　)의 안에 들어가는 수야.

$5^2=25$　　$(-5)^2=25$이므로,

25의 제곱근은 5와 -5가 되겠지.

실전 문제

빈칸에 알맞은 답을 써넣으세요.

① 9의 제곱근은 $(\quad)^2=9$로부터 〈 과 〉

② 4의 제곱근은 $(\quad)^2=4$로부터 〈 와 〉

③ 49의 제곱근은 $(\quad)^2=49$로부터 〈 과 〉

④ 64의 제곱근은 $(\quad)^2=64$로부터 〈 과 〉

정답 ① 3, -3 ② 2, -2 ③ 7, -7 ④ 8, -8

일단 외워!

a의 제곱근은 우선 $\sqrt{a}$, $-\sqrt{a}$라고 적을 수 있어
$\sqrt{\ }$ 는 루트라고 읽어

5의 제곱근, 즉 2승하여 5가 되는 수

$(\quad)^2=5$의 $(\quad)$의 안에 들어가는 수는 무엇일까?

이제까지 보아 온 4의 제곱근과 9의 제곱근처럼,

바로바로 알 수는 없지?

따라서 2승하여 5가 되는 수의,

플러스 쪽을 $\sqrt{5}$ (루트 5),

마이너스 쪽을 $-\sqrt{5}$ (마이너스 루트 5)라고 써서 나타내고 있어.

전자계산기로 해 보면 알 수 있는데

$\sqrt{5}$=약 2.23　　$-\sqrt{5}$ =약 -2.23이 되지.

빈칸에 알맞은 답을 써넣으세요.

2의 제곱근은 (　　$)^2$=2의 (　　) 안의 수

플러스 쪽을 〈　　　　　〉

마이너스 쪽을 〈　　　　　〉로 나타내.

정답과 해설

플러스 쪽을 〈$\sqrt{2}$〉

마이너스 쪽을 〈$-\sqrt{2}$〉로 나타내.

$\sqrt{2}$ =약 1.41　　$-\sqrt{2}$ =약 -1.41

일단 외워!

제곱근은 $\sqrt{\ }$, $-\sqrt{\ }$ 를 사용하지 않고 나타낼 수 있는 경우에는 $\sqrt{\ }$, $-\sqrt{\ }$를 쓰지 않고 나타낸다

16의 제곱근 $(\quad)^2=16$의 $(\quad)$에 들어갈 수는,

우선 $\sqrt{16}$ (루트 16), $-\sqrt{16}$ (마이너스 루트 16)으로 나타낼 수 있어.

그런데, $4^2=16$ $\quad(-4)^2=16$이므로,

$$\sqrt{16}=4 \qquad -\sqrt{16}=-4$$

$\sqrt{\ }$, $-\sqrt{\ }$ 를 사용하지 않아도 나타낼 수 있겠지.

이런 경우에는 보통 16의 제곱근의 답은

4와 -4로 해.

예 1의 제곱근 $(\quad)^2=1$의 $(\quad)$에 들어갈 수의

플러스 쪽은 $\sqrt{1}$, 마이너스 쪽은 $-\sqrt{1}$로 나타낼 수 있는데,

$1^2=1$ $\quad(-1)^2=1$이므로, $\sqrt{1}=1$과 $-\sqrt{1}=-1$

따라서 1의 제곱근은 1과 -1이 되겠지.

예 3의 제곱근 $(\quad)^2=3$의 $(\quad)$에 들어갈 수의

플러스 쪽은 $\sqrt{3}$, 마이너스 쪽은 $-\sqrt{3}$으로 나타낼 수 있어.

$(\quad)$에 들어갈 정수가 없기 때문에 3의 제곱근은

$\sqrt{3}$과 $-\sqrt{3}$이 되겠지.

빈칸에 알맞은 답을 써넣으세요.

① 2의 제곱근은 (　　와　　)

② 4의 제곱근은 $\sqrt{4}=($　　$)$와 $-\sqrt{4}=($　　$)$

③ 5의 제곱근은 (　　와　　)

④ 6의 제곱근은 (　　과　　)

⑤ 7의 제곱근은 (　　과　　)

⑥ 9의 제곱근은 $\sqrt{9}=($　　$)$과 $-\sqrt{9}=($　　$)$

⑦ 25의 제곱근은 $\sqrt{25}=($　　$)$와 $-\sqrt{25}=($　　$)$

⑧ 36의 제곱근은 $\sqrt{36}=($　　$)$과 $-\sqrt{36}=($　　$)$

정답 ① $\sqrt{2}, -\sqrt{2}$ ② $2, -2$ ③ $\sqrt{5}, -\sqrt{5}$ ④ $\sqrt{6}, -\sqrt{6}$
⑤ $\sqrt{7}, -\sqrt{7}$ ⑥ $3, -3$ ⑦ $5, -5$ ⑧ $6, -6$

잠깐 결국 이 연습을 통해서도 알 수 있듯이 $\sqrt{\ }$, $-\sqrt{\ }$를 사용하지 않고 나타낼 수 있는 것은, $1=1^2$, $4=2^2$, $9=3^2$, $16=4^2$, 25, 36, 49, 64, 81, 100 ……과 같은 2승의 수의 제곱근이야.

제곱근의 곱셈은 루트 안에 있는 수끼리 곱해

02

제곱근을 곱하는 문제가 나올 때가 있어. 이럴 때는 당황하지 말고, 루트 안에 있는 수를 곱하기만 하면 돼. 루트는 하나로 합쳐져야 되고. 알겠지?

$$\sqrt{a}\sqrt{b}=\sqrt{ab}$$

그냥 보면 어려워 보이는데 구체적인 수를 들어서 보면 쉬워.

$\sqrt{7}\times\sqrt{3}=\sqrt{7\times3}=\sqrt{21}$

이와 같이 $\sqrt{\quad}$ 가 붙은 채라면,

평범한 곱셈 $(7\times3=21)$을 푼다고 생각하면 돼.

다음을 계산하세요.

① $\sqrt{5}\times\sqrt{3}=$

② $\sqrt{2}\times\sqrt{3}=$

③ $\sqrt{2}\times\sqrt{11}=$

④ $\sqrt{7}\times\sqrt{5}=$

정답 ① $\sqrt{15}$ ② $\sqrt{6}$ ③ $\sqrt{22}$ ④ $\sqrt{35}$

$$\sqrt{1}=\sqrt{1^2}=1 \quad \sqrt{4}=\sqrt{2^2}=2\cdots$$

$\sqrt{a}\sqrt{b}=\sqrt{ab}$로 계산한 결과, ab가 2승의 수(1, 4, 9, 16 …)가 되면 답의 $\sqrt{\ }$를 빼낼 수 있지.

이것도 구체적인 예를 통해 보면 쉬워.

예 $\sqrt{2}\times\sqrt{8}=\sqrt{2\times8}=\sqrt{16}=4$

예 $\sqrt{2}\times\sqrt{18}=\sqrt{2\times18}=\sqrt{36}=6$

이 두 가지의 예에서 $\sqrt{\ }$를 빼낼 수 있는 수는,

$\sqrt{\ }$ 안이 2승의 수가 되어 있어.

$\sqrt{1}=\sqrt{1^2}=1$

$\sqrt{4}=\sqrt{2^2}=2$

$\sqrt{9}=\sqrt{3^2}=3$

$\sqrt{16}=\sqrt{4^2}=4$

$\sqrt{25}=\sqrt{5^2}=5$

빈칸에 알맞은 답을 써넣으세요.

① $\sqrt{2}\times\sqrt{32}=\sqrt{2\times32}=\sqrt{(\quad)}=\sqrt{(\quad)^2}=(\quad)$

② $\sqrt{3}\times\sqrt{27}=\sqrt{3\times27}=\sqrt{(\quad)}=\sqrt{(\quad)^2}=(\quad)$

③ $\sqrt{6}\times\sqrt{24}=\sqrt{6\times24}=\sqrt{(\quad)}=\sqrt{(\quad)^2}=(\quad)$

④ $\sqrt{2}\times\sqrt{50}=\sqrt{2\times50}=\sqrt{(\quad)}=\sqrt{(\quad)^2}=(\quad)$

정답 ① 64, 8, 8 ② 81, 9, 9 ③ 144, 12, 12 ④ 100, 10, 10

$\sqrt{2^2 \times 3} = 2\sqrt{3} \quad \sqrt{3^2 \times 5} = 3\sqrt{5} \cdots$

$\sqrt{3} \times \sqrt{5} = \sqrt{3 \times 5} = \sqrt{15}$였지? 반대로,

$\sqrt{15} = \sqrt{3 \times 5} = \sqrt{3} \times \sqrt{5}$로 분해할 수 있어.

따라서

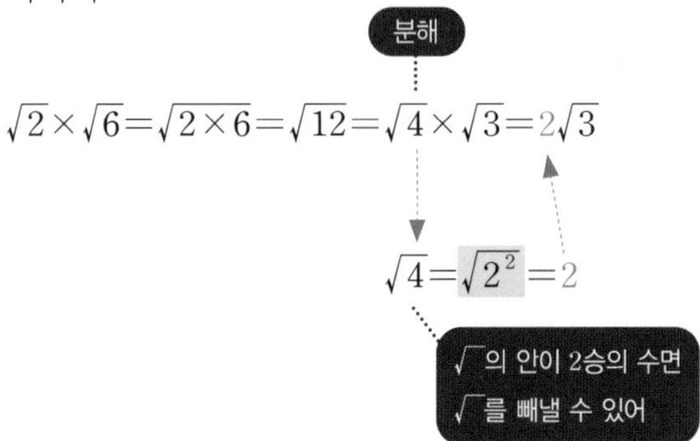

하나 더 해 보자.

$$\sqrt{9} = \sqrt{3^2} = 3$$

$$\sqrt{18} = \sqrt{9 \times 2} = \sqrt{9} \times \sqrt{2} = 3\sqrt{2}$$

이와 같이 $\sqrt{}$ 안의 2승의 수인 부분만을

$\sqrt{}$의 밖으로 빼낼 수 있어.

다음을 계산하세요.

① $\sqrt{2}\times\sqrt{12}=$

② $\sqrt{3}\times\sqrt{21}=$

③ $\sqrt{15}\times\sqrt{5}=$

④ $\sqrt{2}\times\sqrt{10}=$

정답과 해설

① $\sqrt{2}\times\sqrt{12}=\sqrt{24}=\sqrt{4}\times\sqrt{6}=2\sqrt{6}$

② $\sqrt{3}\times\sqrt{21}=\sqrt{63}=\sqrt{9}\times\sqrt{7}=3\sqrt{7}$

③ $\sqrt{15}\times\sqrt{5}=\sqrt{75}=\sqrt{25}\times\sqrt{3}=5\sqrt{3}$

④ $\sqrt{2}\times\sqrt{10}=\sqrt{20}=\sqrt{4}\times\sqrt{5}=2\sqrt{5}$

곱셈의 답에는 3가지 패턴이 있으니 조심해야 해.

패턴 1 그대로 답이 되는 경우 : $\sqrt{2}\times\sqrt{7}=\sqrt{2\times7}=\sqrt{14}$

패턴 2 $\sqrt{}$를 빼내는 경우 : $\sqrt{2}\times\sqrt{8}=\sqrt{2\times8}=\sqrt{16}=\sqrt{4^2}=4$

패턴 3 일부가 밖으로 나오는 경우 : $\sqrt{2}\times\sqrt{6}=\sqrt{2\times6}=\sqrt{12}=\sqrt{4}\times\sqrt{3}=2\sqrt{3}$

제곱근의 나눗셈은 √ 를 같이 씌워

03

곱셈에서도 그랬지만 나눗셈에서도 안에 있는 수만 신경 쓰면 돼. 루트를 우산이라고 생각하고 루트의 곱셈과 나눗셈은 우산을 같이 쓴다고 생각하면 간단하지.

일단 외워!

$$\frac{\sqrt{a}}{\sqrt{b}}=\sqrt{\frac{a}{b}}$$

이것도 낯설게 보이지만 구체적인 예를 통해 보면 쉬워.

$$\frac{\sqrt{6}}{\sqrt{2}}=\sqrt{\frac{6}{2}}=\sqrt{3}$$

√ 안을 약분

다음을 계산하세요.

① $\dfrac{\sqrt{18}}{\sqrt{3}}=\sqrt{\dfrac{(\quad)}{(\quad)}}=\sqrt{(\quad)}$

② $\dfrac{\sqrt{50}}{\sqrt{5}}=\sqrt{\dfrac{(\quad)}{(\quad)}}=\sqrt{(\quad)}$

③ $\dfrac{\sqrt{30}}{\sqrt{6}}=\sqrt{\dfrac{(\quad)}{(\quad)}}=\sqrt{(\quad)}$

정답과 해설

① $\dfrac{\sqrt{18}}{\sqrt{3}}=\sqrt{\dfrac{(18)}{(3)}}=\sqrt{(6)}$ ② $\dfrac{\sqrt{50}}{\sqrt{5}}=\sqrt{\dfrac{(50)}{(5)}}=\sqrt{(10)}$

③ $\dfrac{\sqrt{30}}{\sqrt{6}}=\sqrt{\dfrac{(30)}{(6)}}=\sqrt{(5)}$

다음을 계산하세요.

예 $\dfrac{\sqrt{32}}{\sqrt{2}}=\sqrt{\dfrac{32}{2}}=\sqrt{16}=4$

$\sqrt{\ }$ 안이 2승의 수

1. $\dfrac{\sqrt{18}}{\sqrt{2}}=\sqrt{\dfrac{18}{2}}=\sqrt{(\qquad)}=(\qquad)$

2. $\dfrac{\sqrt{50}}{\sqrt{2}}=\sqrt{\dfrac{50}{2}}=\sqrt{(\qquad)}=(\qquad)$

3. $\dfrac{\sqrt{28}}{\sqrt{7}}=\sqrt{\dfrac{28}{7}}=\sqrt{(\qquad)}=(\qquad)$

정답 1. 9, 3 2. 25, 5 3. 4, 2

다음을 계산하세요.

예 $\dfrac{\sqrt{24}}{\sqrt{2}}=\sqrt{\dfrac{24}{2}}=\sqrt{12}=\sqrt{4\times3}=\sqrt{4}\times\sqrt{3}=2\sqrt{3}$

1 $\dfrac{\sqrt{54}}{\sqrt{3}}=\sqrt{\dfrac{54}{3}}=\sqrt{(\text{ⓐ})}=\sqrt{(\text{ⓑ})\times(\text{ⓒ})}$

$=\sqrt{(\text{ⓓ})}\times\sqrt{(\text{ⓔ})}=(\text{ⓕ})\sqrt{(\text{ⓖ})}$

2 $\dfrac{\sqrt{250}}{\sqrt{5}}=\sqrt{\dfrac{(\text{ⓐ})}{(\text{ⓑ})}}=\sqrt{(\text{ⓒ})}=\sqrt{(\text{ⓓ})\times(\text{ⓔ})}$

$=\sqrt{(\text{ⓕ})}\times\sqrt{(\text{ⓖ})}=(\text{ⓗ})\sqrt{(\text{ⓘ})}$

3 $\dfrac{\sqrt{336}}{\sqrt{7}}=\sqrt{\dfrac{(\text{ⓐ})}{(\text{ⓑ})}}=\sqrt{(\text{ⓒ})}=\sqrt{(\text{ⓓ})\times(\text{ⓔ})}$

$=\sqrt{(\text{ⓕ})}\times\sqrt{(\text{ⓖ})}=(\text{ⓗ})\sqrt{(\text{ⓘ})}$

정답

1 ⓐ 18 ⓑ 9 ⓒ 2 ⓓ 9 ⓔ 2 ⓕ 3 ⓖ 2

2 ⓐ 250 ⓑ 5 ⓒ 50 ⓓ 25 ⓔ 2 ⓕ 25 ⓖ 2 ⓗ 5 ⓘ 2

3 ⓐ 336 ⓑ 7 ⓒ 48 ⓓ 16 ⓔ 3 ⓕ 16 ⓖ 3 ⓗ 4 ⓘ 3

$$\sqrt{\frac{a}{b}}=\frac{\sqrt{a}}{\sqrt{b}}$$

반대로 이번엔 분자 분모의 루트를 분리해 보자.

구체적인 예를 통해서 보면 쉬워. 방금 전에 했던 걸 반대로만 하면 돼.

$$\sqrt{\frac{6}{5}}=\frac{\sqrt{6}}{\sqrt{5}}$$

다음을 계산하세요.

예 $\sqrt{\frac{5}{4}}=\frac{\sqrt{5}}{\sqrt{4}}=\frac{\sqrt{5}}{2}$

$\sqrt{\quad}$ 안이 2승의 수

1 $\sqrt{\frac{7}{9}}=\frac{\sqrt{(\quad ⓐ \quad)}}{\sqrt{(\quad ⓑ \quad)}}=\frac{\sqrt{(\quad ⓒ \quad)}}{(\quad ⓓ \quad)}$

2 $\sqrt{\frac{11}{16}}=\frac{\sqrt{(\quad ⓐ \quad)}}{\sqrt{(\quad ⓑ \quad)}}=\frac{\sqrt{(\quad ⓒ \quad)}}{(\quad ⓓ \quad)}$

3 $\sqrt{\frac{9}{25}}=\frac{\sqrt{(\quad ⓐ \quad)}}{\sqrt{(\quad ⓑ \quad)}}=\frac{(\quad ⓒ \quad)}{(\quad ⓓ \quad)}$

정답 1 ⓐ 7 ⓑ 9 ⓒ 7 ⓓ 3 2 ⓐ 11 ⓑ 16 ⓒ 11 ⓓ 4
3 ⓐ 9 ⓑ 25 ⓒ 3 ⓓ 5

분모에 √ 인 수는 불가능. 유리화한다

$\sqrt{\frac{3}{4}}=\frac{\sqrt{3}}{\sqrt{4}}=\frac{\sqrt{3}}{2}$ … 이것은 답으로서 OK.

그러나 $\sqrt{\frac{5}{6}}=\frac{\sqrt{5}}{\sqrt{6}}$ … 이것은 답으로서 NO.

왜냐하면 분모에 √ 의 수를 남기지 않는 것이 규칙이기 때문이야.
이런 경우에는 크기는 바꾸지 않고 겉모습을 바꾸면 돼.
$\sqrt{6}$에 $\sqrt{6}$을 곱하면 6이 되겠지?
그래서 $\sqrt{6}$을 분자, 분모에 다 곱해 주어야 해.
$\sqrt{6}\times\sqrt{6}=\sqrt{36}=\sqrt{6^2}=6$

따라서
$\sqrt{\frac{5}{6}}=\frac{\sqrt{5}}{\sqrt{6}}=\frac{\sqrt{5}}{\sqrt{6}}\times\frac{\sqrt{6}}{\sqrt{6}}=\frac{\sqrt{5\times6}}{6}=\frac{\sqrt{30}}{6}$

$\frac{1}{3}=\frac{1}{3}\times\frac{3}{3}=\frac{3}{9}$과 같은 방법이지.
분모와 분자에 같은 수를 곱해도
분수의 크기는 변하지 않아

이젠 답으로 손색이 없어.
분모의 √ 를 √ 가 없는 수로 만드는 것을 분모의 유리화라고 해.

다음을 계산하세요.

1 $\sqrt{\frac{7}{2}}=\frac{\sqrt{(\ ⓐ\ )}}{\sqrt{(\ ⓑ\ )}}=\frac{\sqrt{(\ ⓒ\ )}}{\sqrt{(\ ⓓ\ )}}\times\frac{\sqrt{(\ ⓔ\ )}}{\sqrt{(\ ⓕ\ )}}=\frac{\sqrt{(\ ⓖ\ )}}{(\ ⓗ\ )}$

2 $\sqrt{\frac{6}{5}}=\frac{\sqrt{(\ ⓐ\ )}}{\sqrt{(\ ⓑ\ )}}=\frac{\sqrt{(\ ⓒ\ )}}{\sqrt{(\ ⓓ\ )}}\times\frac{\sqrt{(\ ⓔ\ )}}{\sqrt{(\ ⓕ\ )}}=\frac{\sqrt{(\ ⓖ\ )}}{(\ ⓗ\ )}$

3 $\sqrt{\frac{25}{3}}=\frac{\sqrt{(\ ⓐ\ )}}{\sqrt{(\ ⓑ\ )}}=\frac{(\ ⓒ\ )}{\sqrt{(\ ⓓ\ )}}=\frac{(\ ⓔ\ )}{\sqrt{(\ ⓕ\ )}}\times\frac{\sqrt{(\ ⓖ\ )}}{(\ ⓗ\ )}$

$=\frac{(\ ⓘ\ )\sqrt{(\ ⓙ\ )}}{(\ ⓚ\ )}$

4 $\sqrt{\frac{16}{5}}=\frac{\sqrt{(\ ⓐ\ )}}{\sqrt{(\ ⓑ\ )}}=\frac{(\ ⓒ\ )}{\sqrt{(\ ⓓ\ )}}=\frac{(\ ⓔ\ )}{\sqrt{(\ ⓕ\ )}}\times\frac{\sqrt{(\ ⓖ\ )}}{\sqrt{(\ ⓗ\ )}}$

$=\frac{(\ ⓘ\ )\sqrt{(\ ⓙ\ )}}{(\ ⓚ\ )}$

정답

1 ⓐ 7 ⓑ 2 ⓒ 7 ⓓ 2 ⓔ 2 ⓕ 2 ⓖ 14 ⓗ 2

2 ⓐ 6 ⓑ 5 ⓒ 6 ⓓ 5 ⓔ 5 ⓕ 5 ⓖ 30 ⓗ 5

3 ⓐ 25 ⓑ 3 ⓒ 5 ⓓ 3 ⓔ 5 ⓕ 3 ⓖ 3 ⓗ 3 ⓘ 5 ⓙ 3 ⓚ 3

4 ⓐ 16 ⓑ 5 ⓒ 4 ⓓ 5 ⓔ 4 ⓕ 5 ⓖ 5 ⓗ 5 ⓘ 4 ⓙ 5 ⓚ 5

제곱근의 덧셈은 끼리끼리 묶어서

04

제곱근의 덧셈은 곱셈과 나눗셈과는 달라. 곱셈과 나눗셈은 우산을 같이 쓴다고 생각하면 되지만 덧셈은 우산을 같이 쓰지 않고 끼리끼리 묶어 앞에 있는 수를 더해야 해. 무슨 말이냐고?

$$m\sqrt{a}+n\sqrt{a}=(m+n)\sqrt{a}$$

이것도 구체적인 예로 생각하면 쉬워.

$2a+3a=5a$였잖아? 이것과 같은 요령으로,

$2\sqrt{3}+3\sqrt{3}=5\sqrt{3}$이야.

$4a+2b-3a+4b=a+6b$잖아? 이것과 같은 요령으로,

$4\sqrt{3}+2\sqrt{2}-3\sqrt{3}+4\sqrt{2}=\sqrt{3}+6\sqrt{2}$가 되는 거야.

끼리끼리 묶어서 하면 된다는 거.

다음을 계산하세요.

1 $3\sqrt{5}-2\sqrt{5}+4\sqrt{5}=$

2 $\sqrt{3}+2\sqrt{5}-5\sqrt{3}+3\sqrt{5}=$

3 $3\sqrt{6}+4\sqrt{2}+4\sqrt{6}-2\sqrt{2}=$

4 $3\sqrt{7}-4\sqrt{3}+5\sqrt{7}-3\sqrt{3}=$

정답 1 $5\sqrt{5}$ 2 $-4\sqrt{3}+5\sqrt{5}$ 3 $7\sqrt{6}+2\sqrt{2}$ 4 $8\sqrt{7}-7\sqrt{3}$

$\sqrt{}$의 일부가 밖으로 나오는 경우에는, 먼저 그 계산부터 해

앞에서 $\sqrt{32}=\sqrt{16\times2}=\sqrt{16}\times\sqrt{2}=4\times\sqrt{2}=4\sqrt{2}$라고 했지.

덧셈에서도 마찬가지야.

$\sqrt{}$ 의 일부가 밖으로 나오는 경우에는 먼저 그 계산을 하고,

그 후 덧셈을 해.

예 $2\sqrt{32}-\sqrt{3}+2\sqrt{32}$를 계산하세요.

$2\sqrt{32}-\sqrt{3}+2\sqrt{32}=4\sqrt{32}-\sqrt{3}$이라고 적으면 틀리는 거야.

먼저 $\sqrt{32}$를,

$\sqrt{32}=\sqrt{16\times 2}=\sqrt{16}\times\sqrt{2}=4\sqrt{2}$로 고쳐야 해.

$$\begin{aligned}2\sqrt{32}-\sqrt{3}+2\sqrt{32}&=2\times\sqrt{16\times 2}-\sqrt{3}+2\times\sqrt{16\times 2}\\&=2\times 4\times\sqrt{2}-\sqrt{3}+2\times 4\times\sqrt{2}\\&=8\sqrt{2}-\sqrt{3}+8\sqrt{2}\\&=16\sqrt{2}-\sqrt{3}\end{aligned}$$

다음을 계산하세요.

1. $\sqrt{12}-\sqrt{50}=\sqrt{(\quad)\times 3}-\sqrt{(\quad)\times 2}$
   $=(\quad)\sqrt{3}-(\quad)\sqrt{2}$

2. $\sqrt{8}-\sqrt{32}=\sqrt{(\quad)\times 2}-\sqrt{(\quad)\times 2}$
   $=(\quad)\sqrt{2}-(\quad)\sqrt{2}=(\quad)\sqrt{2}$

3. $\sqrt{12}-\sqrt{50}+7\sqrt{8}+4\sqrt{50}=$

4. $\sqrt{6}-3\sqrt{27}+5\sqrt{3}+4\sqrt{24}=$

① $\sqrt{12}-\sqrt{50}=\sqrt{(4)\times 3}-\sqrt{(25)\times 2}$

$=(2)\sqrt{3}-(5)\sqrt{2}$

② $\sqrt{8}-\sqrt{32}=\sqrt{(4)\times 2}-\sqrt{(16)\times 2}$

$=(2)\sqrt{2}-(4)\sqrt{2}=(-2)\sqrt{2}$

③ $\sqrt{12}-\sqrt{50}+7\sqrt{8}+4\sqrt{50}$

$=\sqrt{4\times 3}-\sqrt{25\times 2}+7\sqrt{4\times 2}+4\sqrt{25\times 2}$

$=2\sqrt{3}-5\sqrt{2}+7\times 2\times\sqrt{2}+4\times 5\times\sqrt{2}$

$=2\sqrt{3}-5\sqrt{2}+14\sqrt{2}+20\sqrt{2}$

$=2\sqrt{3}+29\sqrt{2}$

④ $\sqrt{6}-3\sqrt{27}+5\sqrt{3}+4\sqrt{24}$

$=\sqrt{6}-3\times\sqrt{9\times 3}+5\sqrt{3}+4\times\sqrt{4\times 6}$

$=\sqrt{6}-3\times 3\times\sqrt{3}+5\sqrt{3}+4\times 2\times\sqrt{6}$

$=\sqrt{6}-9\sqrt{3}+5\sqrt{3}+8\sqrt{6}$

$=9\sqrt{6}-4\sqrt{3}$

(   )가 **있는 계산**은 **일단 (   )**를 **풀어**

05

(   )가 있는 계산은 지금까지 어떻게 해 왔지? 그래. 일단 (   )를 풀었어. (   )를 풀려면 어떻게 해야 할까? 그래, 분배법칙. 100점이야!

먼저 (   )를 분배법칙으로 풀어

이것도 구체적인 예를 들어 생각하면 쉬워.

예 $\sqrt{6}+3(1+2\sqrt{6})$을 계산하세요.

$a+3(1+2a)=a+3+6a=3+7a$ 마찬가지로,

$\sqrt{6}+3(1+2\sqrt{6})=\sqrt{6}+3+6\sqrt{6}=3+7\sqrt{6}$

예 $(\sqrt{2}+5)(2\sqrt{2}-4)$를 계산하세요.

$$(x+5)(2x-4)=2x^2-4x+10x-20$$
$$=2x^2+6x-20$$

마찬가지로,

$$(\sqrt{2}+5)(2\sqrt{2}-4)=\sqrt{2}\times2\sqrt{2}-\sqrt{2}\times4+10\sqrt{2}-20$$
$$=2\times\sqrt{2}\times\sqrt{2}-4\sqrt{2}+10\sqrt{2}-20$$
$$=2\times2-4\sqrt{2}+10\sqrt{2}-20$$
$$=4-4\sqrt{2}+10\sqrt{2}-20$$
$$=-16+6\sqrt{2}$$

다음을 계산하세요.

1 $3\sqrt{8}-(2\sqrt{2}-4)=$

2 $(2\sqrt{3}-5)(-\sqrt{3}-4)=$

3 $(3\sqrt{2}-4)(-\sqrt{2}+3)+5\sqrt{32}=$

1 $3\sqrt{8}-(2\sqrt{2}-4)=3\times\sqrt{4\times2}-2\sqrt{2}+4$

$=3\times2\sqrt{2}-2\sqrt{2}+4$

$=6\sqrt{2}-2\sqrt{2}+4$

$=4+4\sqrt{2}$

2 $(2\sqrt{3}-5)(-\sqrt{3}-4)=-2\times\sqrt{3}\times\sqrt{3}-2\times\sqrt{3}\times4+5\sqrt{3}+20$

$=-2\times3-8\sqrt{3}+5\sqrt{3}+20$

$=-6-8\sqrt{3}+5\sqrt{3}+20$

$=14-3\sqrt{3}$

3 $(3\sqrt{2}-4)(-\sqrt{2}+3)+5\sqrt{32}$

$=-3\times\sqrt{2}\times\sqrt{2}+9\sqrt{2}+4\sqrt{2}-12+5\times\sqrt{16\times2}$

$=-3\times2+9\sqrt{2}+4\sqrt{2}-12+5\times4\sqrt{2}$

$=-6+9\sqrt{2}+4\sqrt{2}-12+20\sqrt{2}$

$=-18+33\sqrt{2}$

칼럼

제곱근의 크기 이해하기

제곱근이 이해가 잘 되지 않는다는 사람이 꽤 많아. 그 원인은 제곱근의 크기가 어떤지 와닿지 않기 때문이야. 예를 들어 $\sqrt{50}$의 크기는? $\sqrt{80}$의 크기는? 이렇게 물었을 때, 그 값이 금방 머릿속에 떠오르는 사람은 의외로 많지 않아. 하지만 여기서 소개하는 제곱근의 척도에 익숙해지면, 이런 질문에도 쉽게 대답할 수 있고, 제곱근이 가깝게 느껴질 거야.

1			2					3							4	
$\sqrt{1}$	$\sqrt{\ }$	$\sqrt{\ }$	$\sqrt{4}$	$\sqrt{\ }$	$\sqrt{\ }$	$\sqrt{\ }$	$\sqrt{\ }$	$\sqrt{9}$	$\sqrt{\ }$	$\sqrt{\ }$	$\sqrt{\ }$	$\sqrt{\ }$	$\sqrt{\ }$	$\sqrt{\ }$	$\sqrt{16}$	$\sqrt{\ }$

$\sqrt{1}=1$, $\sqrt{4}=2$, $\sqrt{9}=3$, $\sqrt{16}=4$, $\sqrt{25}=5$,

$\sqrt{36}=6\cdots$을 눈금으로 하면,

$\overset{1}{\sqrt{1}}$ $\sqrt{2}$ $\sqrt{3}$ $\overset{2}{\sqrt{4}}$ 로부터 $\sqrt{2}=1.\cdots$ $\sqrt{3}=1.\cdots$

$\overset{2}{\sqrt{4}}$ $\sqrt{5}$ $\sqrt{6}$ $\sqrt{7}$ $\sqrt{8}$ $\overset{3}{\sqrt{9}}$

이니까 $\sqrt{5}=2.\cdots$ $\sqrt{6}=2.\cdots$ $\sqrt{7}=2.\cdots$ $\sqrt{8}=2.\cdots$

이렇게 제곱근의 대략적인 값을 바로 알 수 있지.

$\sqrt{1}=1$ $\sqrt{4}=2$ $\sqrt{9}=3$ $\sqrt{16}=4$ $\sqrt{25}=5$

$\sqrt{36}=6$ $\sqrt{49}=7$ $\sqrt{64}=8$ $\sqrt{81}=9\cdots$

눈금으로 하는 제곱근의 척도에 익숙해지면 예를 들어,

$\sqrt{67}$은 $\sqrt{64}$와 $\sqrt{81}$ 사이에 있으므로 8보다는 크고 9보다는 작은 어떤 수라고 알 수 있겠지. 이 제곱근의 척도에 익숙해져서 제곱근을 가깝게 생각할 수 있도록 해.

우리 2권에서는
함수, 비례, 도형, 확률 등을
본격적으로 배워 보자~!

옮긴이 **김성미**

대학에서 국문학과 역사학을 전공했으며, 일본 문화 전반에 대해 관심을 갖고 있다. 특히 청소년과 젊은 독자들이 공감할 수 있는 좋은 책을 찾아 소개하는 데 힘쓰고 있다. 옮긴 책으로는 청소년 분야 교양 시리즈 『세상에서 가장 불가사의한 고대지도』 『중학수학 16시간 만에 끝내기 실전편』 등이 있다.

중학수학 16시간 만에 끝내기 실전편 1

1판 1쇄 2015년 11월 20일
개정판 1쇄 2023년 6월 30일

지 은 이 마지 슈조
옮 긴 이 김성미
발 행 인 주정관
발 행 처 북스토리㈜
주 소 서울특별시 마포구 양화로 7길 6-16 서교제일빌딩 201호
대표전화 02-332-5281
팩시밀리 02-332-5283
출판등록 1999년 8월 18일 (제22-1610호)
홈페이지 www.ebookstory.co.kr
이 메 일 bookstory@naver.com

ISBN 979-11-5564-298-6 54410
979-11-5564-297-9 (세트)